高等职业院校教学改革创新示范教材·软件开发系列

Android应用开发技术

胡光永　查英华　主编

電子工業出版社
Publishing House of Electronics Industry
北京·BEIJING

内 容 简 介

本书是基于Android 5.0和Android Studio的移动互联网应用开发的入门教材，围绕一个综合项目——学生空间展开，贯彻“做中学”的理念，由浅入深地系统介绍Android应用开发的概念、技术和方法。

本书分为8个任务，包括初识Android、基本界面设计及优化、主界面及列表信息、广播及服务、数据持久化以及Android 5.0控件应用等，项目开发过程穿插讲解知识点，将理论知识融入项目开发。

本书以项目贯穿全程，由浅入深地将理论知识和实例紧密结合，知识结构清晰，易于学习，既可作为高等院校移动互联网Android开发课程的教材，也可作为Android开发初学者的入门参考书。

图书在版编目（CIP）数据

Android应用开发技术/胡光永，查英华主编. —北京：电子工业出版社，2017.2
ISBN 978-7-121-30631-0

Ⅰ. ①A… Ⅱ. ①胡… ②查… Ⅲ. ①移动终端－应用程序－程序设计 Ⅳ. ①TN929.53

中国版本图书馆CIP数据核字（2016）第305983号

策划编辑：程超群
责任编辑：郝黎明
印　　刷：三河市华成印务有限公司
装　　订：三河市华成印务有限公司
出版发行：电子工业出版社
　　　　　北京市海淀区万寿路 173 信箱　邮编 100036
开　　本：787×1 092　1/16　印张：13.25　字数：339.2 千字
版　　次：2017 年 2 月第 1 版
印　　次：2017 年 2 月第 1 次印刷
定　　价：36.00 元

凡所购买电子工业出版社图书有缺损问题，请向购买书店调换。若书店售缺，请与本社发行部联系，联系及邮购电话：（010）88254888，88258888。

质量投诉请发邮件至 zlts@phei.com.cn，盗版侵权举报请发邮件至 dbqq@phei.com.cn。

本书咨询联系方式：（010）88254577，ccq@phei.com.cn。

Android 是 Google 公司在 2007 年 11 月推出的移动终端操作系统，由于它的开源、免费，短短几年就得到了大规模的推广，使用量一直保持高速增长，不仅在智能手机和平板电脑上得到了广泛应用，还拓展到智能电视、智能手表、智能汽车等智能硬件的应用领域。

随着 Android 系统的流行，基于 Android 的应用需求也在迅速升温，很多高校开设了 Android 应用技术开发课程。本书旨在帮助高等院校的教师比较系统地进行 Android 教学，以及初学者尽快掌握 Android 平台的开发，使读者对 Android 的开发有一个基本了解。

本书基于 Android 5.0，以 Android Studio 为集成开发环境，详细介绍 Android 应用开发所涉及的相关知识。全书围绕一个综合项目——学生空间展开，划分为初识 Android、基本界面设计及优化、主界面及列表信息、广播及服务、数据持久化等 8 个具体任务，穿插讲解知识点，由浅入深地将理论知识融入项目开发中，让读者快速理解 Android 项目开发的基本知识，为进一步深入学习 Android 的应用开发打下坚实的基础。

全书分为 8 个任务，各任务的具体内容如下：

任务 1 有 2 个子任务，分别介绍智能手机及 Android 系统的发展、Android 的总体架构、版本演变及 Android 模拟器的使用；Android 的应用程序结构，以及 ADT 的应用。

任务 2 有 4 个子任务，通过学生空间 App 的登录界面、个人信息界面的设计，分别介绍基本控件的使用，包括 TextView、EditText、Button、CheckBox、ImageView、RadioButton 等的属性和使用方法；Android 的事件和键盘事件；菜单和对话框的使用。

任务 3 有 2 个子任务，通过学生空间 App 主界面的布局设计，介绍常用界面布局的使用，包括 LinearLayout、FrameLayout、RelativeLayout、GridLayout 等；并介绍 Android 的常用资源，包括 style、string、color 等 values 资源的使用及应用场景，以及 drawable 资源的使用和动态增加 layout 资源的方法。

任务 4 有 2 个子任务，通过学生空间 App 从登录界面到主界面的跳转，介绍 Activity 的生命周期、多界面跳转、数据传递等；通过学生空间 App 的工具箱设计，介绍 Fragment 的基本概念、生命周期、使用方法及应用场景。

任务 5 有 2 个子任务，通过学生空间 App 的课程管理界面，介绍 Android 的常用高级控件的应用，如 ListView、GridView、Spinner 等的属性、使用方法及应用场景。

任务 6 有 2 个子任务，重点介绍 Android 的组件 BroadcastReceiver、Service 的概念、注

册、收发方法、应用场景，以及如何访问系统核心服务。

任务 7 有 4 个子任务，通过学生空间 App 的设置功能、课程信息存储，介绍 SharedPreference、SDCard 和 SQLite 等数据存储方法；在学生空间 App 的音乐播放模块设计中，介绍 ContentProvider 数据共享的概念和应用场景。

任务 8 有 2 个子任务，重点介绍 Android 5.0 中 Snackbar 和 Floating Action Butotn 两个常用组件的使用方法和应用场景。

书末附录 A 和附录 B 分别介绍 Android Studio 集成开发环境的一些使用技巧和 Android 的常用编码规范。

另外，本书还提供了丰富的教学资源，包括项目源代码、课件资源、习题答案等，可以到华信教育资源网（www.hxedu.com.cn）免费下载使用。

本书的参考学时为 72 学时，其中各任务的学时分配推荐如下：

序　号	任　务	推荐学时	
		理　论	实　践
0	任务 0　学生空间 App 项目总览	1	1
1	任务 1　开启学生空间 App 的开发之旅	2	2
2	任务 2　学生空间 App 的基本界面设计	6	8
3	任务 3　学生空间 App 的界面优化	4	4
4	任务 4　学生空间 App 的主界面设计	4	6
5	任务 5　学生空间 App 的列表信息的展示	6	6
6	任务 6　学生空间 App 的广播和服务	4	4
7	任务 7　学生空间 App 的数据存取及共享	4	4
8	任务 8　学生空间 App 的高级控件的应用	2	4
	合计：	33	39

本书可以作为应用型本科和高职院校的计算机及相关专业的 Android 开发技术课程的教材，也可作为 Android 应用开发初学者的自学用书和参考用书。

本书是“十二五”江苏省高等学校重点教材（编号：2015-2-093），全部由一线任课教师执笔，由南京工业职业技术学院胡光永、南京工业职业技术学院查英华担任主编，其他参编成员包括南京工业职业技术学院的张以利、王辰、曹晓燕、郭朝霞、夏立玲和张振峰老师，南京富士通南大软件技术有限公司的工程师们进行了大量的代码验证工作。在本书编写过程中，编者得到了电子工业出版社的大力支持，南京信息职业技术学院聂明、南京交通职业技术学院吴兆明、常州信息职业技术学院杨诚、南京工业职业技术学院丁龙刚等老师为本书提出了很多建设性的建议，在此谨向他们致以诚挚的谢意。

由于 Android 开发技术发展迅速，加之编者水平有限，书中难免存在疏漏和不足之处，恳请广大读者批评指正，有任何意见和建议请发邮件至编者邮箱 zhayh@niit.edu.cn。

编　者

CONTENTS
目
录

任务 T0

学生空间 App 项目总览

本任务将介绍贯穿全书的 Android 教学项目——学生空间，使读者对“学生空间”App 有一个整体的认识和了解，不仅明确本书即将学习的主要内容，还能明白学完本书之后，能够利用这些知识做些什么。

0.1.1 学生空间 App 项目背景

目前，学生在进入校园后，对自己的个人信息、所学课程等内容的查询通常需要借助计算机、浏览器，步骤繁琐，操作不方便，如何给学生提供一种更加便捷的方式，使他们能随时随地轻松查询、管理个人信息显得尤为重要。

随着信息技术的发展、智能手机的普及，在生活中涌现了许多不同类型、不同功能的手机 App，手机 App 已经进入人类社会生活的各个领域，并发挥着越来越重要的作用，极大地方便了人们的生活。

因此，我们开发了一个基于 Android 系统的学生空间 App，该 Android 应用程序面向在校学生，目的是为学生提供一个方便快捷的个人信息查询及课程管理平台，使学生的个人信息查询维护、课程管理等操作更加规范化、快捷化，同时提供了一些常用工具，如音乐播放器、记事本等，方便了学生的在校学习和生活。

之所以选取该项目作为贯穿本书的教学案例，是因为该项目结合了学生日常学习生活的实际需求，通俗易懂。本书将学生空间 App 划分为若干个子 App，采取从易到难、反复迭代的方式一步一步将学生空间 App 开发完成，使读者可以从零基础开始慢慢深入学习，最终完成学生空间 App 的开发。

0.1.2 学生空间 App 项目概述

学生空间 App 是一款面向学生的个人信息查询及课程管理 Android 手机应用程序，其主要功能如下。

- 登录/注册：用户的登录、注册功能。
- 个人信息维护：学生对个人基本信息进行查询及维护操作。
- 课程管理：学生可以对自己的课程进行相应的增、删、改、查操作。
- 学生工具箱：提供三种常用工具供学生使用，分别为系统音乐播放器、计算器、记事本。

该项目的功能模块如图 0-1 所示。

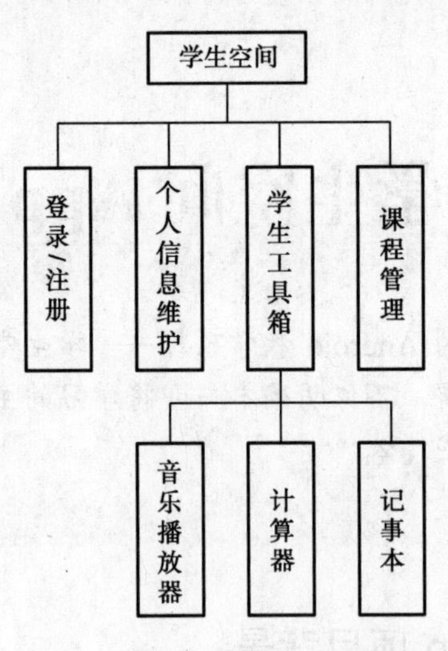

图 0-1　学生空间 App 功能模块

学生空间 App 中主要功能点与本书中相关知识点的对应关系如表 0-1 所示。

表 0-1　学生空间 App 对应知识点

序　号	学生空间 App 主要功能点	对应知识点
1	欢迎界面	Android 开发环境的搭建； Android 项目的创建方法； FrameLayout 的应用场景及使用方法
2	登录界面	TextView、EditText 和 Button 三个基本控件的应用场景及使用方法； 对话框的应用场景及使用方法； SharedPreferences 的应用场景及使用方法
3	个人信息维护界面	ImageView、CheckBox、RadioButton 三个基本控件的应用场景及使用方法； 触屏事件和键盘事件的响应及处理方法； Spinner 的应用场景及使用方法； GridView 的应用场景及使用方法
4	学生空间主界面	菜单的添加方法及其应用场景； RelativeLayout 的应用场景及使用方法
5	注册界面	LinearLayout 的应用场景及使用方法
6	学生工具箱中的计算器界面	GridLayout 的应用场景及使用方法
7	由学生空间的登录界面跳转到主界面，并将登录界面的账号信息传递到主界面	多 Activity 间的跳转方法及数据传递方法
8	在学生工具箱中实现不同工具界面的切换	Fragment 的应用场景及使用方法
9	课程管理	ListView 的应用场景及使用方法； SQLite 数据库的应用场景及使用方法
10	音乐播放器的音乐播放控制功能	服务的启动方式，暂停方式，停止方式等； ContentProvider 的应用场景及使用方法
11	记事本功能	文件存储的应用场景及使用方法

在本书中，该项目的命名方式如下。

■ 项目名为 StuSpace。

■ 子任务名为[章节号]_[知识点]，如利用 ListView 展现课程列表这一子任务名为 T5_1_ListView。

■ 包名统一为 cn.edu.niit.XXX，其中 XXX 为子任务名，如记事本模块的子任务包名为 cn.edu.niit.t7_2_File。

任务 T1

开启学生空间 App 的开发之旅

Android 手机是目前广泛使用的智能手机，如何开发一款心仪的 Android 应用，并发布到应用商店供大家下载使用呢？从现在开始，本书将带领大家一步步开发学生空间 App。本任务将带领大家认识 Android，了解 Android 的发展；并讲解 Android 应用开发所需的开发环境，如何创建、运行和调试一个 Android 应用，以及 Android 应用的目录结构等。

任务 T1-1　什么是 Android

- 了解 Android 的历史与发展；
- 了解 Android 的平台架构；
- 熟悉 Android 开发环境的搭建；
- 熟悉 Android 项目的创建与运行；
- 熟悉 Android 模拟器的使用方法；
- 了解 Android 项目打包发布的步骤。

本子任务是为学生空间 App 创建欢迎界面，在 Android Studio 创建第一个版本的学生空间 StuSpace 项目工程，并在 Android 模拟器中运行，界面实现效果如图 1-1 所示。

图 1-1　学生空间欢迎界面的运行效果图

1.1.1 Android 系统概述

目前，应用在智能手机的操作系统主要有 Android（谷歌）、iOS（苹果）、Windows phone（微软）、Symbian（诺基亚）等，最主流的当属谷歌的 Android 和苹果的 iOS。

Android 是基于 Linux 内核、开放源码的操作系统，主要应用于便携设备，如智能手机、平板电脑等。第一部 Android 智能手机发布于 2008 年 10 月，此后 Android 逐渐扩展到平板电脑及其他领域上，如电视、数码照相机、游戏机等。2011 年第一季度，Android 在全球的市场份额中首次超过塞班系统，跃居全球第一；2015 年第四季度，Android 平台手机的全球市场份额已经达到 78.1%。

1.1.2 Android 的历史与发展

Android 操作系统最初由安迪•鲁宾（Andy Rubin）开发，主要用于支持手机，2005 年 8 月由谷歌公司收购注资。2007 年 11 月，谷歌与 84 家硬件制造商、软件开发商及电信营运商成立了开放手机联盟（Open Handset Alliance，OHA），共同研发改良了 Android，随后，谷歌以 Apache 免费开放源码的许可证的授权方式，发布了 Android 的源代码。

Android 用甜品的名称作为它们系统版本代号的命名，从 Android 1.5 发布开始，作为每个版本代表的甜品的尺寸越变越大，并按照 26 个字母排序：纸杯蛋糕（Cupcake），甜甜圈（Donut），松饼（Eclair），冻酸奶（Froyo），姜饼（Gingerbread），蜂巢（Honeycomb）等。

至今，Android 已经经历了多个版本的更新，截止到本书完稿之时，最新的版本为 2015 年 5 月 28 日发布的 Android 6.0，代号为 Marshmallow（棉花糖）。根据市场对当前 Android 系统版本的分布报告显示，Android 6.0 Marshmallow 的市场份额还比较低，而 Android 4.4 KitKat 的份额攀升至 33.4%，占据了主导地位。从 Android 4.0 开始，Android 系统有了一个质的飞跃，本书将专注讲解 Android 4.0 及以上版本的开发。

Android 平台的优势如下：

1．平台开放性

Android 的优势首先就是其开放性，开放的平台允许任何移动终端厂商加入到 Android 联盟中。开放性使其拥有更多优秀的开发者，随着用户和应用的日益丰富，一个崭新的平台也将很快走向成熟。

开放性对于 Android 的发展而言，有利于积累人气，这里的人气包括消费者和厂商，而对于消费者来讲，最大的受益正是其丰富的应用软件资源。

2．硬件丰富性

这一点是与 Android 的开放性相关，由于 Android 的开放性，众多的厂商会推出千奇百怪、功能各异的多种产品。功能的差异和界面的特色并不会影响到数据同步、软件兼容性，如同从 Android 风格手机改用苹果 iPhone 风格，同时可将 iPhone 中优秀的软件带到 Android 上使用一样，联系人等资料更是可以方便地转移。

3．开发便捷性

Android 提供给第三方开发商一个十分宽泛、自由的环境，不会受到各种条条框框的阻挠，可想而知，会有多少新颖的软件诞生。

4．和 iPhone 相比，具有更广泛的开发群体

从技术角度而言，Android 是一种融入所有 Web 应用的平台，随着 Android 版本的更新，从最初的触屏到现在的多点触摸，从普通的联系人到现在的数据同步，从简单的谷歌地图到现在的导航系统，从基本的网页浏览到现在的 HTML 5，这都说明 Android 已经逐渐稳定，功能越来越强大。

另外，Android 不仅支持 Java、C、C++等主流编程语言，还支持 Ruby、Rython 等脚本语言，谷歌甚至专门为 Android 应用开发推出了 Simple 语言，这使得 Android 有着非常广泛的开发群体。

1.1.3 Android 体系架构及 Dalvik

Android 体系架构主要包括 Application、Application Framework、Libraries、Android Runtime 和 Linux Kernel，如图 1-2 所示。Android 的体系架构分为四个层，从高到低分别是应用程序层（Application）、应用程序框架层（Application Framework）、系统运行库层（Libraries）和 Linux 内核层（Linux Kernel）。

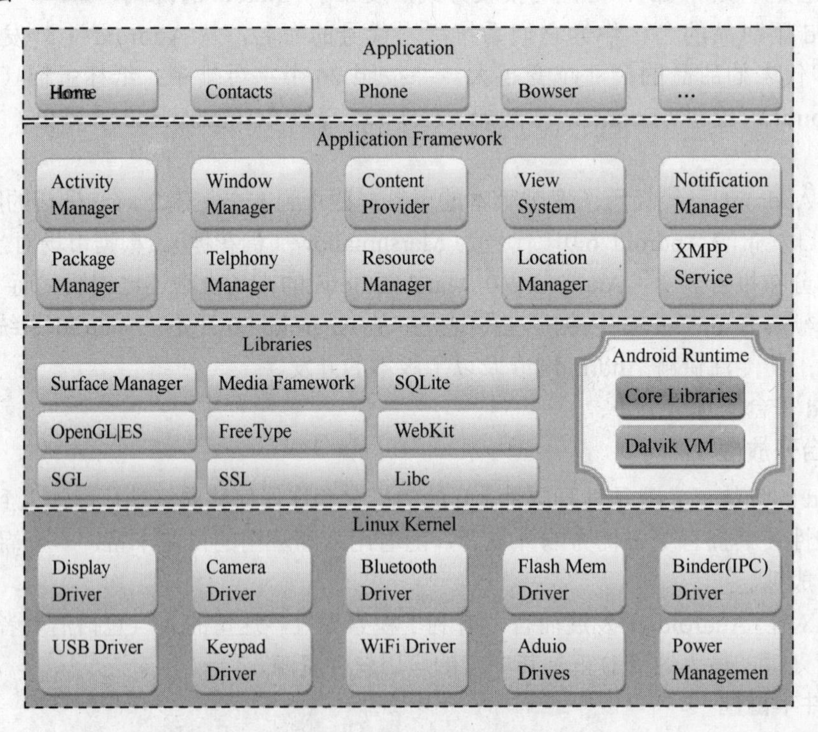

图 1-2　Android 平台架构

Android 操作系统可以在四个主要层面上分为 5 个部分。

（1）应用程序层（Application）：Android 系统包含了一系列核心应用程序，包括电子邮件、短信、日历、拨号器、地图、浏览器、联系人等。本书重点讲解如何编写 Android 操作系统上运行的应用程序，在程序分层上，与系统核心应用程序平级。

（2）应用程序框架层（Application Framework）：Android 应用程序框架提供了大量的 API（Application programing Interface）供开发人员使用，Android 应用的开发就是调用这些 API，实现需求功能。应用程序框架是应用程序的基础，任何一个应用程序都可以开发 Android 系统的功能模块，只要发布的时候遵循应用程序框架的规范，其他应用程序也可以使用这个功能模块。

（3）系统运行库层（Libraries）：Android 系统运行库是用 C/C++语言编写的，是一套被不同组件所使用的函数库组成的集合。一般来说，Android 应用开发者无法直接调用这套函数库，都是通过应用程序框架提供的 API 对这些函数库进行调用的。

（4）Android 运行时：Android 运行时由两部分组成，即 Android 核心库和 Dalvik 虚拟机。其中，核心库集提供了 Java 语言核心库所能使用的绝大部分功能，Dalvik 虚拟机负责运行 Android 应用程序。虽然 Android 应用程序通过 Java 语言编写，但 Java 程序都必须在 Java 虚拟机上运行，由于硬件的限制，Android 应用程序并未使用 Java 的虚拟机来运行程序，而使用了独立的虚拟机——Dalvik 虚拟机，它对多个同时高效运行的虚拟机进行了优化。每个 Android 应用程序都运行在单独的 Dalvik 虚拟机上，因此 Android 系统可以方便地对应用程序进行隔离。

（5）Linux 内核：Android 系统是基于 Linux 内核建立的操作系统，Linux 内核为 Android 系统提供了安全性、内存管理、进程管理、网络协议栈、驱动模型等核心系统服务，帮助 Android 系统实现了底层硬件与上层软件之间的抽象。

Android 应用程序使用了独立的 Dalvik 虚拟机，其与 Java 的虚拟机之间的区别如下。

Java 虚拟机（Java Virtual Machine，JVM）是虚构出来的运行 Java 程序的平台，通过在实际的计算机上仿真模拟各种计算机功能。它具有完善的硬件架构（如处理器、堆栈、寄存器等），还具有相应的指令系统，使用 JVM 使 Java 程序支持与操作系统无关。理论上，在任何操作系统中，只要有对应的 JVM，即可运行 Java 程序。

Dalvik VM 是在 Android 操作系统上运行 Android 程序的虚拟机，其指令集基于寄存器架构的，执行特有的文件格式——dex 字节码，完成对象生命周期管理、堆栈管理、线程管理、安全异常管理、垃圾回收等重要功能。

由于 Android 应用程序的开发语言是 Java，而 Java 程序运行在 JVM 上，因此有些人会把 Android 的虚拟机 Dalvik VM 和 JVM 弄混淆，但是，实际上 Dalvik 并未遵守 JVM 规范，而且两者也是互不兼容的。

JVM 运行的是.class 文件的 Java 字节码，但是 Dalvik VM 运行的是其转换后的 DEX（Dalvik Executable）文件。JVM 字节从.class 文件或者 JAR 包中加载字节码后运行，而 Dalvik VM 无法直接从.class 文件或 JAR 包中加载字节码，它需要通过 DX 工具将应用程序所有的.class 文件编译成一个.dex 文件，Dalvik VM 则运行这个.dex 文件。图 1-3 显示了 Dalvik VM 与 JVM 编译过程的区别。

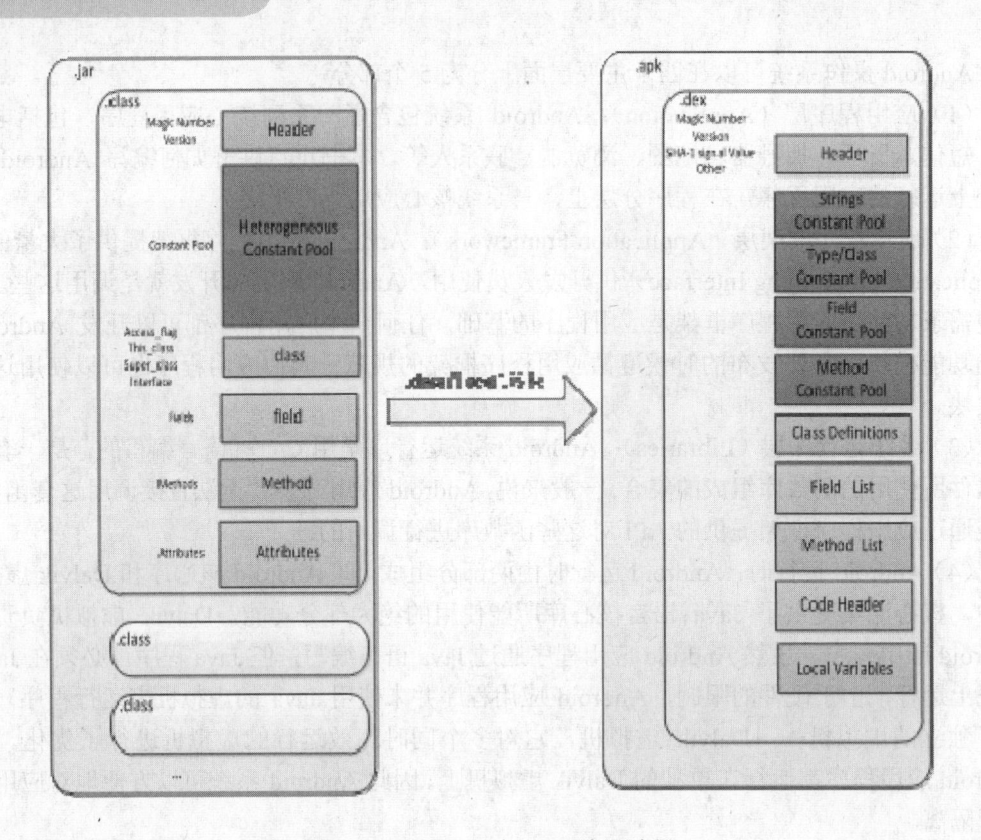

图1-3 Dalvik VM与JVM编译过程

从图中可以看出，Dalvik VM把.java文件编译成.class后，会对.class进行重构，整合基本元素（常量池、类定义、数据段），最后压缩写进一个.dex文件中。其中，常量池描述了所有的常量，包括引用、方法名、数值常量等；类定义包括访问标识、类名等基本信息；数据段中包含各种被VM指定的方法代码，以及类、方法的相关信息和实例变量。这种把多个.class文件进行整合的方法，大大提高了Android程序的运行速度，例如，应用程序中多个类定义了字符串常量TAG，而在JVM中，会编译成多个.class文件，每个.class文件的常量池中，均包含这个TAG常量，但是Dalvik VM在编译成.dex文件之后，其常量池里只有一个TAG常量。

JVM和Dalvik VM还有一点非常不同，即基于的架构不同。JVM是基于栈的架构，而Dalvik VM是基于寄存器的架构。相对于基于栈的JVM而言，基于寄存器的Dalvik VM实现虽然牺牲了一些硬件上的通用性，但是它在代码的执行效率上更胜一筹。一般来讲，VM中指令的解释执行的时间主要花费在三个方面：分发指令、访问运算数、执行运算。其中，分发指令这个环节对性能的影响最大。在基于寄存器的Dalvik VM中，可以更有效地减少冗余指令的分发，减少内存的读写访问。

从JVM和Dalvik VM的区别上来说，Dalvik VM主要针对Android嵌入式操作系统的特点进行了各种优化，使其更省电、更省内存、运行效率更高，但是牺牲了一些JVM的与平台无关的特性。实际上，Dalvik VM本就是为Android设计的，无需考虑其他平台的问题。这里只介绍了JVM和Dalvik VM的主要区别，毕竟本书并不是讲解Android内核的，因此这里只是点明Dalvik VM的特点，读者对这部分的内容了解即可。

1.1.4 Android 版本

自 Android 系统首次发布至今，Android 经历了很多的版本更新。表 1-1 列出了 Android 系统的不同版本的发布时间及对应的版本号。

表 1-1　Android 系统版本

Android 版本	发 布 日 期	代　号
Android 1.1	2009 年	Petit Four（花式小蛋糕）
Android 1.5	2009 年	Cupcake（纸杯蛋糕）
Android 1.6	2009 年	Donut（甜甜圈）
Android 2.0/2.1	2009 年	Eclair（长松饼）
Android 2.2	2010 年	Froyo（冻酸奶）
Android 2.3	2010 年	Gingerbread（姜饼）
Android 3.0/3.1/3.2	2011 年	Honeycomb（蜂巢）
Android 4.0	2011 年	Ice Cream Sandwich（冰淇淋三明治）
Android 4.1/4.2/4.3	2012 年	Jelly Bean（果冻豆）
Android 4.4	2013 年	KitKat（奇巧巧克力棒）
Android 5.0/5.1	2014 年	Lollipop（棒棒糖）
Android 6.0	2015 年	Marshmallow（棉花糖）

比较重要的版本及变化如下。

1．Android 2.3 Gingerbread（姜饼）

该版本增加了对 NFC（近距离通信）和大量其他传感器的支持，包括陀螺仪和气压计。Gingerbread 将成为世界上最多使用的移动操作系统。

2．Android 3.0 Honeycomb（蜂窝）

这是第一个真正的 Android 平板电脑发布系统，摩托罗拉 Xoom 成为第一个真正意义上的 Android 平板。Honeycomb 添加了对多核处理器的支持，是迄今为止唯一一个没有进入开放源代码的 Android 版本。

3．Android 4.0 Ice Cream Sanwich（冰淇淋三明治）

Android 4.0 Ice Cream Sandwich 对操作系统做了一次大的彻底的更改，从 Honeycomb 引入许多元素到智能手机中。这个版本的操作系统包含了大量新的特性，包括 Android Beam、全景式拍照以及通过脸孔进行手机解锁的能力。

4．Android 5.0 Lollipop

2014 年 6 月 25 日于谷歌的 I/O 2014 大会上发布了 Developer 版（Android L），在 2014 年 10 月 15 日正式发布且名称定为 Lollipop。该版本的特点如下。

（1）采用全新 Material Design 界面。

（2）支持 64 位处理器。

（3）全面由 Dalvik 转用 ART 编译，性能可提升四倍。

（4）改良的通知界面及新增的优先模式。

（5）预载省电及充电预测功能。

（6）新增自动内容加密功能。

（7）新增多人设备分享功能，可在其他设备登录自己的账号，并获取用户的联系人、日历等谷歌云数据。

（8）强化网络及传输连接性，包括 Wi-Fi、蓝牙及 NFC。

（9）强化多媒体功能，如支持 RAW 格式拍摄。

（10）强化“OK Google”功能。

（11）改善 Android TV 的支持。

（12）提供低视力的设置，以协助色弱人士。

（13）改善了 Google Now 功能。

5．Android 6.0 Marshmallow

这是 2015 年 5 月 28 日于谷歌 I/O 2015 大会上发布的代号为“Marshmallow（棉花糖）”的 Android 6.0 系统。它提供了很多新的特性，如锁屏下语音搜索、Doze 电量管理等。

Android 的各个版本之间大部分 API 是向下兼容的，对于一些少部分的 API，也提供了向下兼容包。

1.1.5 Android 开发环境搭建

目前主流的 Android 开发环境有两种：一种是 Android Studio，另一种是 Eclipse、Android SDK 和 ADT 插件的组合。经过几次更新之后，谷歌推出的 Android Studio 已经成为非常强大的集成开发环境，谷歌也宣布 2015 年底中止对 Eclipse 的官方支持，目前 Eclipse 支持 Android 的最高版本为 Android 6.0，因此，本书的 Android 继承开发环境采用了 Android Studio。

Android Studio 是一款全新的基于 IntelliJ IDEA 的 Android IDE，类似于 Eclipse ADT 插件，Android Studio 提供了集成的 Android 开发工具用于开发和调试。

下面介绍如何使用 Android Studio 来搭建 Android 开发环境。

首先下载和安装 JDK，到 Oracle 官网进行下载，下载地址为 http://www.oracle.com/technetwork/java/javase/downloads/index.html，建议下载 jdk1.7 以上版本，下载后双击安装即可。

其次，配置 JDK 的变量环境，右击“我的电脑”选项，选择“属性”选项，在打开的窗口中双击“高级系统设置”选项，弹出“系统属性”对话框，如图 1-4 所示，在“高级”选项卡中单击“环境变量”按钮。

JDK 需要配置三个系统变量环境，分别是 JAVA_HOME、path 和 classpath。下面是这三个变量的设置方法。

1．JAVA_HOME

JAVA_HOME 的变量值为 JDK 在计算机中的安装路径，如 C:\Program Files\Java\jdk1.8.0_20，创建好后可以利用%JAVA_HOME%作为 JDK 安装目录的统一引用路径。

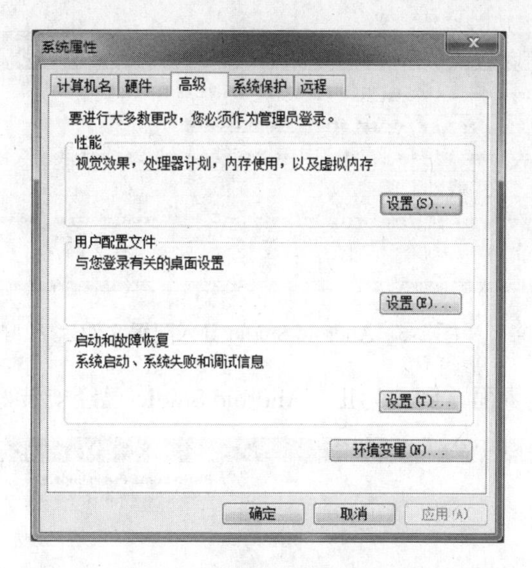

图 1-4 “系统属性”对话框

2．path

可以直接编辑 path 属性，在原有值后追加%JAVA_HOME%\bin;%JAVA_HOME%\jre\bin 即可。

3．classpath

classpath 变量值为.;%JAVA_HOME%\lib\dt.jar;%JAVA_HOME%\lib\tools.jar。

下载 Android Studio，网址为 http://developer.android.com/sdk/index.html。可以根据自己的实际需要，选择一个合适的版本下载。一般来说，推荐下载最新版的 android-studio-bundle-×××.×××××××-windows.exe，因为在这个版本中已经包含了 Android SDK，无需再单独下载，比较方便。Android Studio 下载完成后，双击并逐步安装即可，如图 1-5 所示。

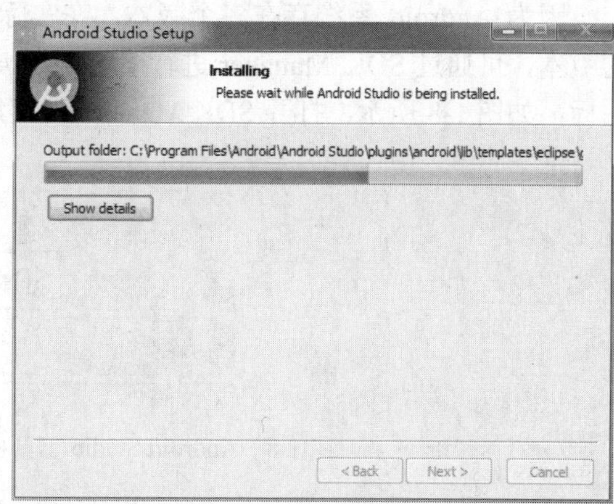

图 1-5 Android Studio 安装过程

运行 Android Studio，在每一次安装后，都会进入如图 1-6 所示的界面，这时需选择导入 Android Studio 的配置文件。如果以前使用过 Android Studio，可以选择使用以前的配置文件。如果是第一次使用，则可以选中第二个单选按钮。

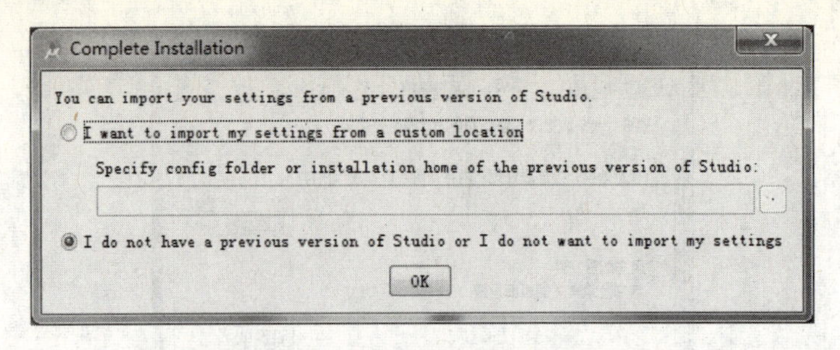

图 1-6　Android Studio 导入配置文件

进入如图 1-7 所示的界面，到此为止，Android Studio 已经安装好并可以使用了。

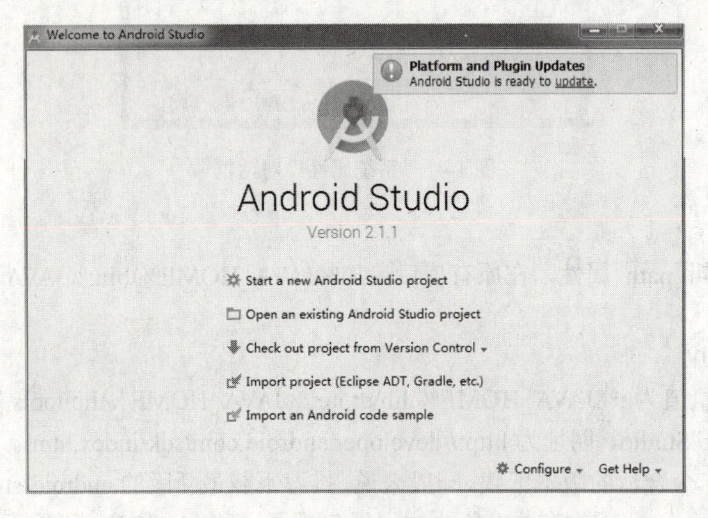

图 1-7　Android Studio 界面

因为 Android 系统存在多个版本，在实际使用过程中，还需要根据自己的需求下载相应的版本，可通过 SDK Manager 进行下载。在 Android Studio 工具栏中单击“SDK Manager”图标，如图 1-8 所示，打开 SDK Manager，然后选择需要的版本进行下载及安装即可。

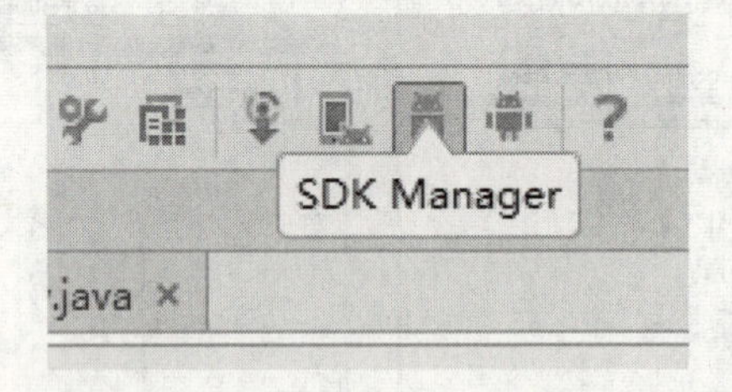

图 1-8　Android Studio 工具栏中的“SDK Manager”图标

1.1.6　Android 模拟器及其使用

在成功安装 Android 的开发环境之后，还不能马上进行 Android 的开发。因为 Android 应用程序需要在 Android 的系统上运行，虽然现在 Android 设备越来越便宜，但是并不能要求所有学习者都去购买一部 Android 设备才能开始学习，因此 Android 提供了一个模拟器（Android

Virtual Device，AVD）来模拟一台 Android 手机，本小节将讲解如何创建一个 Android 模拟器。

AVD 可以通过 Android 模拟器管理器进行创建。

首先，在 Android Studio 工具栏中单击“AVD Manager”图标，如图 1-9 所示，打开 AVD Manager，AVD Manager 主界面如图 1-10 所示。

图 1-9　Android Studio 工具栏中的“AVD Manager”图标

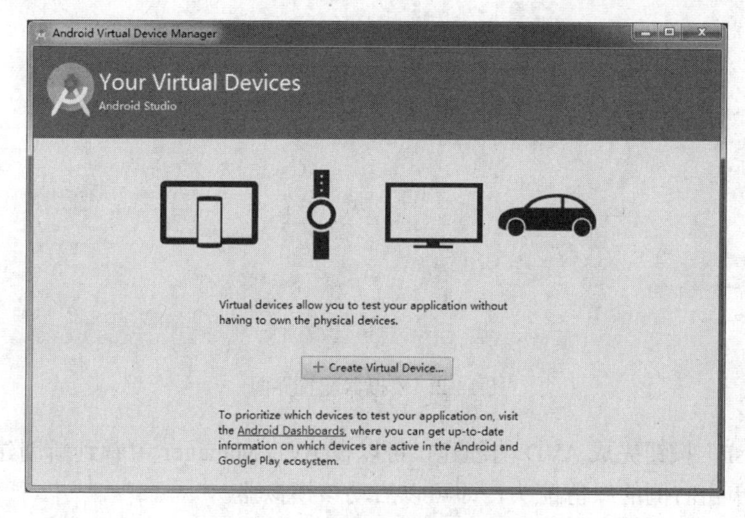

图 1-10　AVD Manager 主界面

单击界面中的“Create Virtual Device”按钮，进入创建 Android 模拟器的界面，如图 1-11 所示。根据需要选择相应的设备，单击“Next”按钮，选择一个系统版本，进入模拟器配置界面，如图 1-12 所示，在此界面中输入所创建模拟器的名称，并对相关选项进行配置即可。

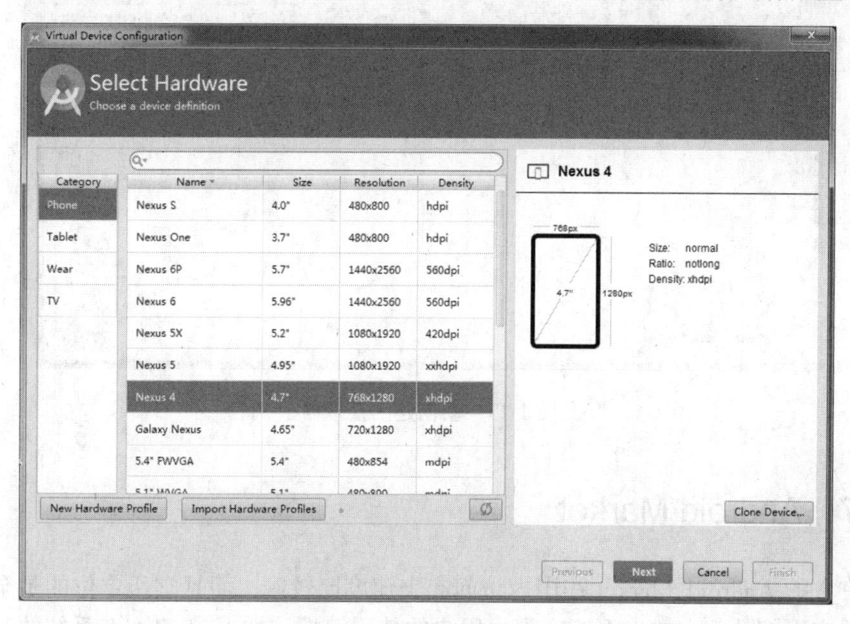

图 1-11　模拟器创建界面

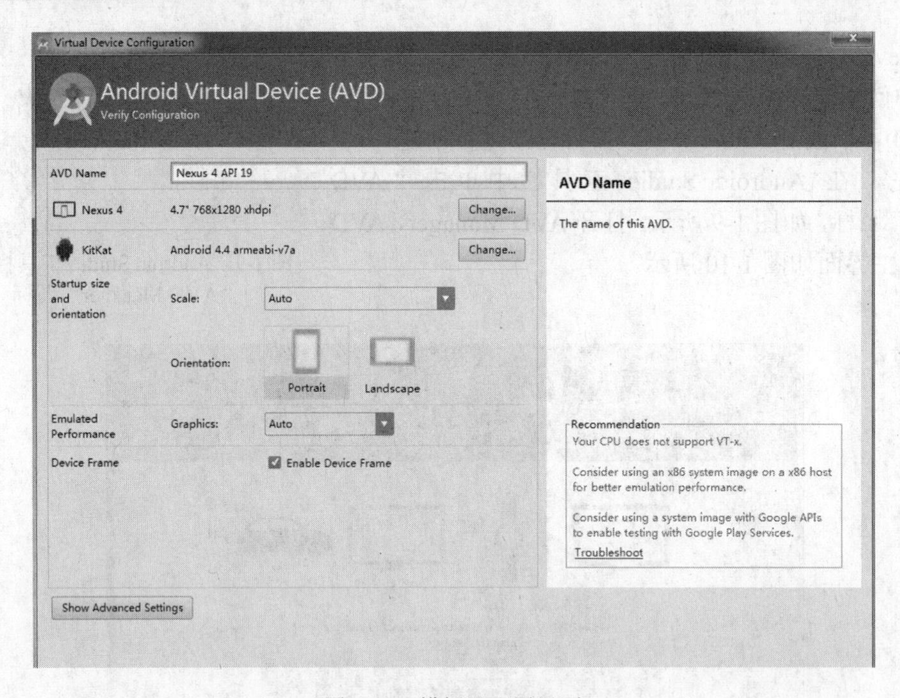

图 1-12　模拟器配置界面

单击“Finish”按钮完成 AVD 的创建，可以在 AVD Manager 中看到新创建的模拟器，如图 1-13 所示，单击右侧的绿色箭头，即可以启动该模拟器。

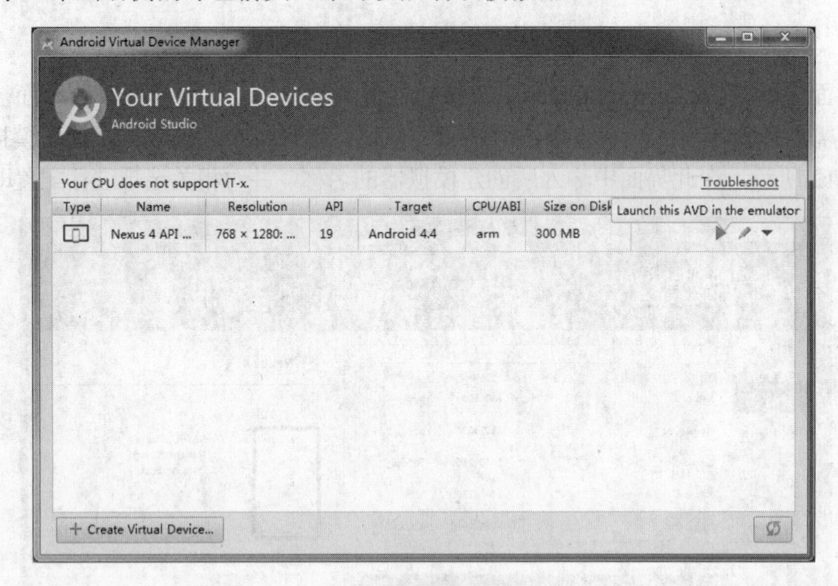

图 1-13　新创建的模拟器

1.1.7 Android Market

谷歌官方的 Android Market 在国内访问起来速度比较慢，而且它所定位的是全球市场，里面很多的应用都是英文的，不符合国内用户的使用习惯，加上 Android 系统的开放性，使得越来越多的第三方应用商店相继诞生，市场竞争越来越激烈。这里选取几个比较有代表性的应用商店，分别从应用介绍、下载量、用户评价、特色功能和应用推荐机制等角度进行简单的对比分析，以了解国内 Android 应用商店概况。

1．百度应用商店

百度应用商店实际上是一个聚合，它从众多的第三方商店（包括下面列出的一些商店）里挑选出应用。但因为它来自国内领先的搜索引擎——百度，所以在市场中占据重要位置。移动版百度首页在显著位置添加了百度应用的链接。百度应用同样有自己的 App。

2．腾讯应用宝

国内另一个互联网巨头腾讯也提供了 Android 应用平台。它由原先的“腾讯应用中心”更名为“应用宝”，并修改了 URL 和外观。腾讯的应用宝也有 App 的形式，而且为 Android 平板电脑提供了独立版本。

3．豌豆荚

讲到桌面同步应用，豌豆荚第一个指出了中国智能手机用户不太喜欢管理云内容，所以它创建了一个广义上的应用商店，包括一个移动应用商店和一个 PC 同步应用。实际上，豌豆荚应用商店是一个应用的聚合器，自身并不存储应用。

在 Android Studio 中新建了 Android 工程 T1_1_HelloWorld，并在模拟器上运行，具体实现过程如下。

步骤 1　打开创建向导。

在 Android Studio 界面的菜单中依次选择“File -> New -> New Project”选项打开创建向导，如图 1-14 所示。

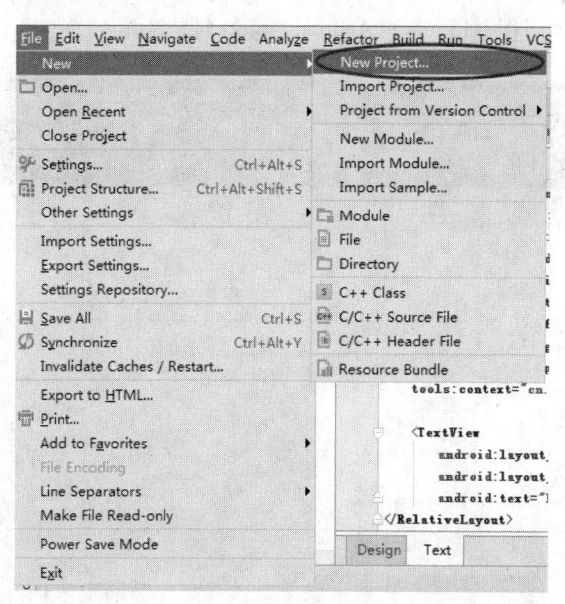

图 1-14　新建 Android Project

步骤 2　设置新建的向导。

在 Android 项目创建向导界面中，依次输入应用程序的名称、公司域名，并选择工程所在位置，然后单击“Next”按钮，如图 1-15 所示。

步骤 3　选择 App 将要运行的因素。

根据需求，选择最低 SDK 版本，然后单击“Next”按钮，如图 1-16 所示。再按提示选择相应的 Activity，并输入 Activity 名称、布局名称等内容，最后单击“Finish”按钮即可完成 T1_1_HelloWorld Android 项目的创建，并自动完成了 HelloWord 应用所需要的代码。

步骤 4　运行项目。

运行 T1_1_HelloWorld 项目，在 Android Studio 工具栏中单击图 1-17 中的运行图标，即可根据需求选择对应的模拟器或者真机运行该项目。

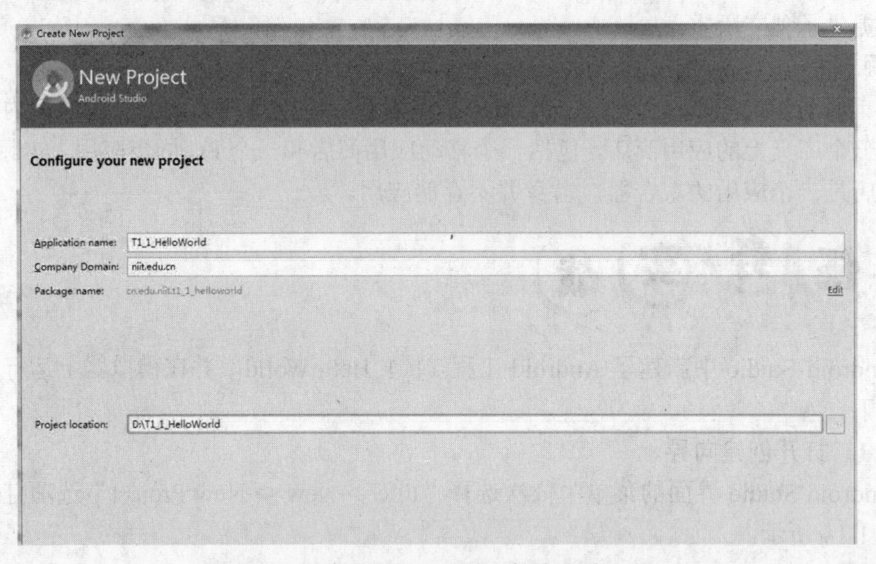

图 1-15　新建 Android Project 向导界面（一）

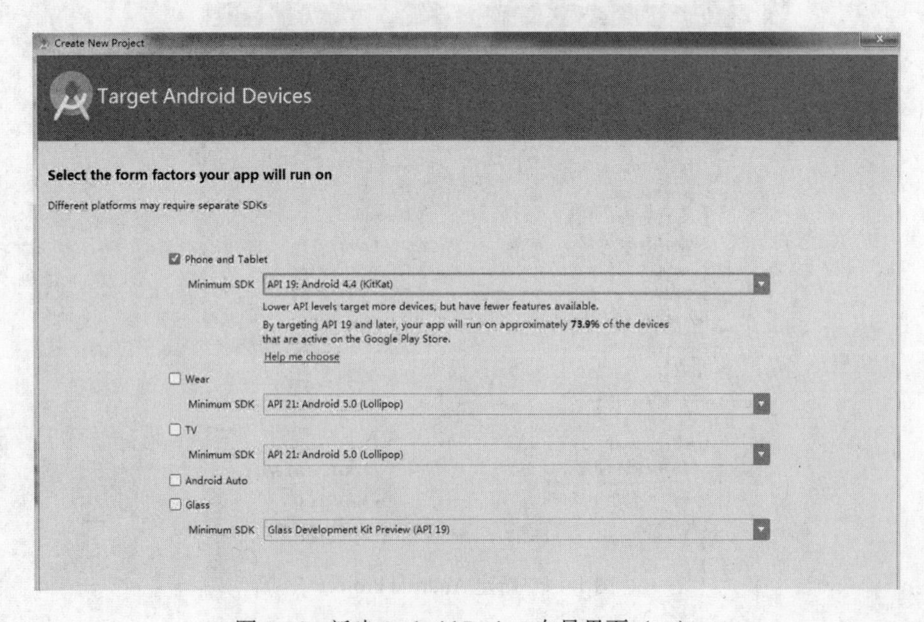

图 1-16　新建 Android Project 向导界面（二）

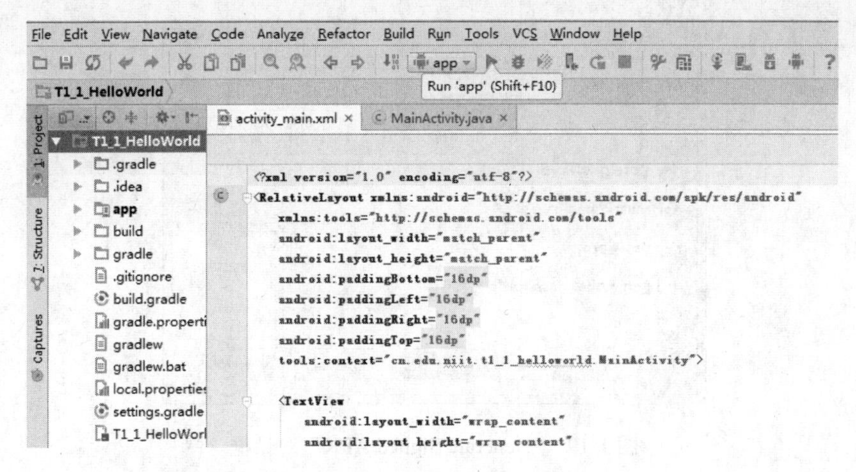

图 1-17　运行 Android Project

自此，就完成了一个简单的 HelloWorld Android 项目的创建。虽然全部依靠工具自动生成，一行代码也没有编写，但是它表示了一个完整 Android 应用从创建到运行的过程。之后将学习如何在这个过程中添加需要的代码逻辑。

步骤 5　Android 项目的打包与发布。

做完一个 Android 项目之后，如何才能把项目发布到 Internet 上供别人使用呢？我们需要将自己的程序打包成 Android 安装包文件——APK（Android Package），其扩展名为“.apk”。将 APK 文件直接上传到 Android 模拟器或 Android 手机中执行即可进行安装。Android 系统要求具有其开发者签名的私人密钥的应用程序才能够被安装。生成数字签名以及打包项目成 APK 都可以采用命令行的方式，但是通过 Android Studio 中的向导会更加方便地完成整个流程。下面以前面开发的“T1_1_HelloWorld”为例，演示如何生成 APK 文件。

当开发完一个项目后，在 Android Studio 菜单中依次选择“Build->Generate Signed APK…”选项，如图 1-18 所示。

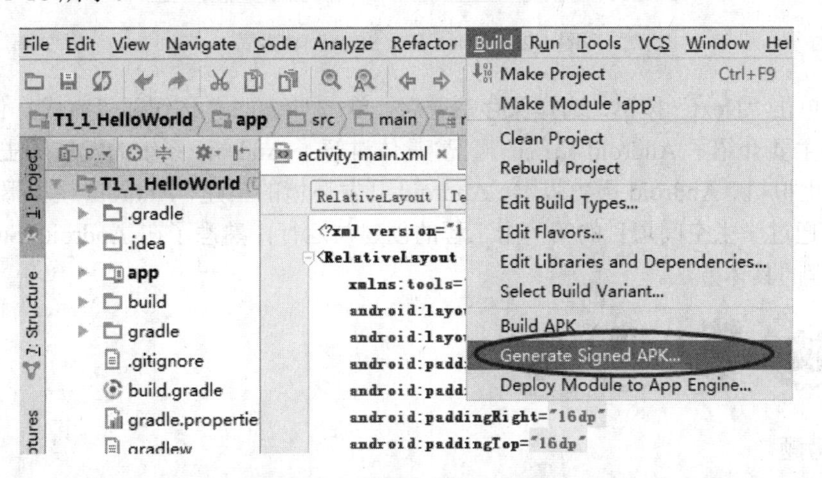

图 1-18　生成 APK 的操作流程

弹出的对话框如图 1-19 所示。单击“Create new…”按钮创建密钥库，如图 1-20 所示，如果已有密钥库则忽略这一步，可单击“Choose existing…”按钮选择相应的密钥库文件。

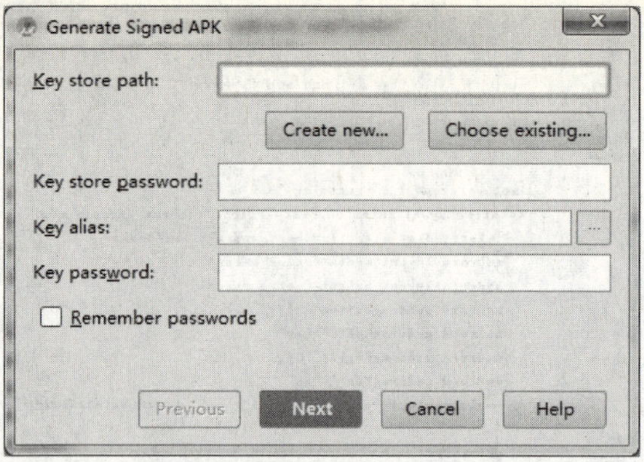

图 1-19 “Generate Signed APK”对话框

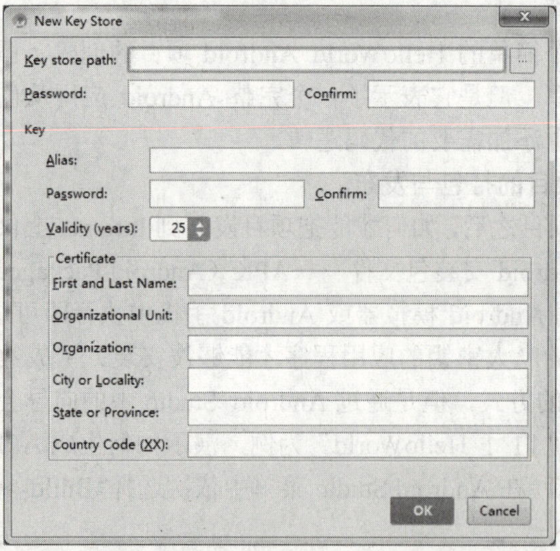

图 1-20 “New Key Store”对话框

最后，单击“Next”按钮，选择保存路径后，单击“Finish”按钮即可完成打包签名操作。

本任务主要介绍了 Android 系统的概况，具体讲解了 Android 系统的发展历史及其平台架构、Dalvik 虚拟机、Android 历史版本、Android 开发环境的搭建、Android 模拟器的使用方法等内容，并通过学生空间项目的第一个工程的创建与运行，熟悉了在 Android Studio 中创建 Android 工程的具体方法。

1. 思考题

（1）简述各种手机操作系统的特点。

（2）Android 体系架构自上而下可分为哪些层？

（3）表述 Android 的体系架构及层次划分，并说明各个层次的主要内容。

（4）分析 Dalvik VM 和 JVM 的区别。

（5）搭建 Android Studio 开发环境需要哪些软件及步骤？

2．实操练习

（1）搭建 Android 开发环境。

（2）创建一个 HelloWorld Android 应用程序，并在模拟器上运行。

3．扩展阅读

（1）了解 Android 运行时，阅读维基百科对 ADT 的介绍，参考网址为 https://zh.wikipedia.org/wiki/Android_Runtime

（2）整理书中提到的专业词汇的英文，了解它们的含义，并记录下来。

任务 T1-2　认识 Android 应用的结构

- 熟悉 Android 项目的目录结构；
- 学会 ADT 常用窗口的使用方法；
- 了解 DDMS、LogCat 的使用方法。

1.2.1 Android 应用的目录结构

根据 Android 项目向导创建的 Android 应用程序，虽然没有编写代码，但是它也具有一个完整的 Android 项目的结构，Android Studio 提供的项目结构类型如图 1-21 所示。

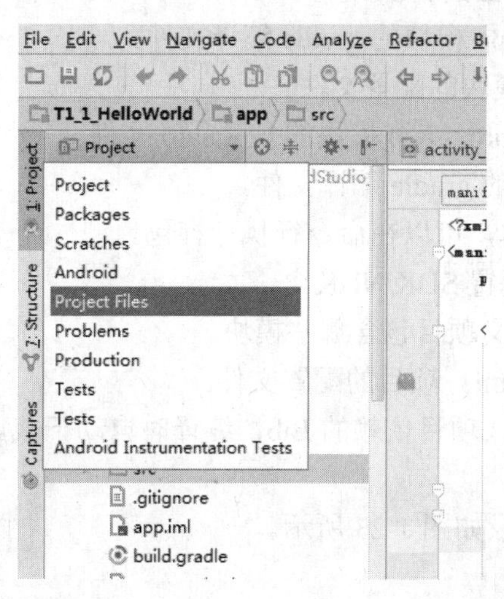

图 1-21　Android Studio 项目结构类型

在这几种项目结构类型中，Project 结构类型的所有视图都是真实的目录，project 和 module 结构显示清晰，而 Android 结构类型最大的优点就是隐藏了一些自动生成的文件和目录，并且把一些资源文件、源文件清晰地合并在一起，让开发者对于比较关心的文件一目了然，因此，常用的就是这两种结构。下面以 T1_1_HelloWorld 为例，分别介绍这两种结构类型。

1. Project 结构类型

Project 结构类型的目录如图 1-22 所示。

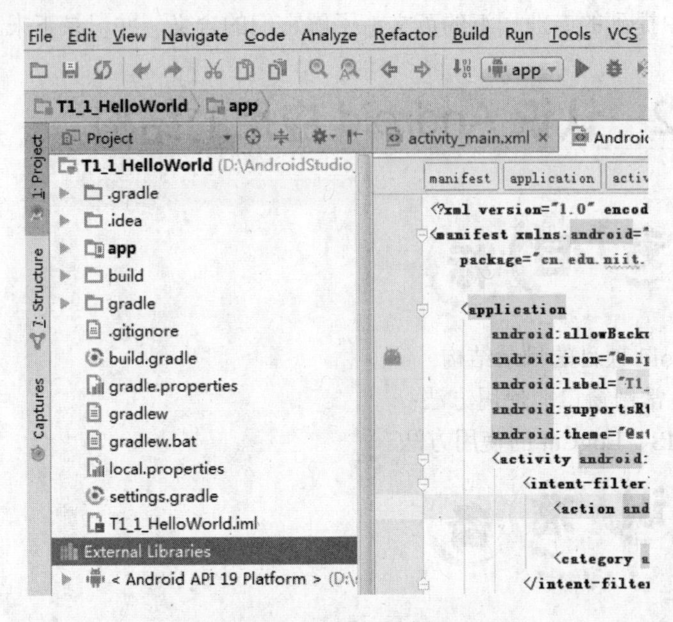

图 1-22　Project 结构类型的目录

从图 1-22 可以看出，在 Project 结构类型的目录中包含很多不同的文件与文件夹，下面对目录中的主要文件及文件夹进行说明。

（1）app/build/：编译输出的目录。

（2）app/build.gradle：app 模块的 gradle 编译文件。

（3）app/app.iml：app 模块的配置文件。

（4）app/proguard-rules.pro：app 模块的 proguard 文件。

（5）build.gradle：项目的 gradle 编译文件。

（6）gradlew：编译脚本，可以在命令行执行打包。

（7）local.properties：配置 SDK/NDK。

（8）settings.gradle：定义项目包含哪些模块。

（9）T1_1_HelloWorld.iml：项目的配置文件。

（10）External Libraries：项目依赖的 Lib，编译时自动下载。

2. Android 结构类型

Android 结构类型的目录如图 1-23 所示。

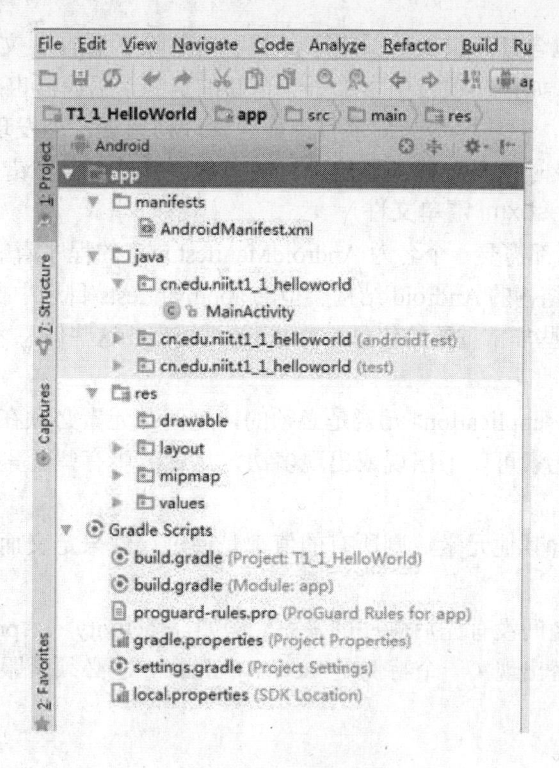

图 1-23　Android 结构类型的目录

从图 1-23 可以看出，在 Android 结构类型的目录中同样包含很多不同的文件与文件夹，下面对该目录中的主要文件及文件夹进行说明。

（1）app/manifests/AndroidManifest.xml：Android 项目的清单文件。

（2）app/java：项目的源代码及测试代码。

（3）app/res：项目的资源目录，存储所有的项目资源。

① app/res/drawable：存放一些自定义形状和按钮切换颜色之类的 XML。

② app/res/layout：存放布局文件。

③ app/res/mipmap：存放原生图片资源。

④ app/res/values：存放 App 引用的一些值，如 colors.xml、dimens.xml、strings.xml、styles.xml。

（4）Gradle Scripts：与 gradle 编译相关的脚本。

介绍完 Android 项目的目录结构之后，单独对其中的 R.java 文件以及 AndroidManifest.xml 清单文件进行具体说明，其余内容将会在本书的其他章节进行讲解。

3．R.java 文件

将 Android Studio 的项目结构切换成 Project 结构类型，依次打开 app->build->generated->source->r->debug，在 debug 的两个子文件中分别有一个 R 文件，这就是 R.java 文件。R.java 文件是编译器自动生成的，它无需开发人员对其进行维护。R.java 会自动收录当前应用中所有的资源，并根据这些资源建立对应的 ID，包括布局资源、控件资源、String 资源、Drawable 资源等。我们可以简单地把 R.java 理解成当前 Android 应用的资源字典。

在当前项目不能包含任何错误的前提下，若手动删除了 R.java 文件，编译器会立即重新生成一个 R.java 文件；如果在项目中增加了一个新的资源，编译器也会立即把这个资源的 ID 收录到 R.java 文件中，但前提是当前项目不能包含任何错误。当发现在新增资源后，R.java 没有对此资源进行收录时，那么就需要检查一下当前项目是否存在错误。

4．AndroidManifest.xml 清单文件

每个 Android 应用都需要一个名为 AndroidManifest.xml 的程序清单文件，这个清单文件可在 Android Studio 项目结构的 Android 结构类型的 app/manifests/目录中找到。它定义了该应用对于 Android 系统来说一些非常重要的信息，Android 系统需要这些信息才能正常运行该应用。

1）元素

只有<manifest>和<application>元素是必须的，这两个元素必须在程序清单中定义，并且只能出现一次。其他元素可以不出现或出现多次，尽管其中有些元素是一个有实用意义的程序清单文件所必须的。

如果一个元素包含其他元素，则所有的值都是通过属性来定义而不是通过元素内容来定义的。

同一层次的元素之间没有先后顺序的关系。例如，<activity>、<provider>和<service>可以以任何次序出现或交替出现（一个特例是<activity-alias>，它必须紧跟在它对应的<activity>之后）。

2）属性

严格上来说，所有的属性都是可选的。但实际上必须定义某些元素的属性值才能使该元素有实际意义。具体可以参考开发文档，有些属性确实是可选的，开发文档定义了它的默认值。除了根元素<manifest>的一些属性之外，其他所有属性的属性名称都是以 android:作为前缀的，如 android:alwaysRetainTaskState。

Android 程序清单文件主要具有以下作用。

（1）它给应用程序 Java 包命名，这个包名作为应用程序的唯一标识符。

（2）它描述了应用程序中的每个程序组件——Activity、Service、Broadcast Receivers 和 Content Provider。它描述了实现每个应用程序组件的类名称和组件能力（如组件能够处理哪种类型的 Intent 消息）。这些描述帮助 Android 操作系统了解这些程序组件和在何种条件下可以启动这些程序组件。

（3）它决定哪些进程用来运行应用程序组件。

（4）它描述了应用程序使用某些受保护的程序 API 或和其他应用程序交互所需的权限。

（5）它描述了其他应用程序和该应用交互时应拥有的权限。

（6）它给出了应用运行所需 Android API 版本的最低要求。

（7）它列出了应用程序需要调用的开发库定义。

现将清单文件的主要元素 manifest、application、users-sdk、activity 所代表的语法意义描述如下。

<manifest>：AndroidManifest.xml 配置文件的根元素，必须包含一个<application>元素并且指定 xlmns:android 和 package 属性。xlmns:android 指定了 Android 的命名空间，默认情况下是“http://schemas.android.com/apk/res/android”；而 package 是标准的应用包名，也是一个应用进程的默认名称，如 package="com.example.test"就是一个标准的 Java 应用包名，为了避免命名空

间的冲突，一般会以应用的域名作为包名。还有一些常用的属性需要注意，如 android:versionCode 是给设备程序识别版本用的，必须以一个整数值代表 App 更新过多少次；而 android:versionName 则是给用户查看版本用的，需要具备一定的可读性，如“1.0.0”。

<uses-sdk>：用于指定 Android 应用中所需要使用的 SDK 的版本，如我们的应用必须运行于 Android 4.3 以上版本的系统 SDK 之上，那么就需要指定应用支持最小的 SDK 版本数为 18；当然，每个 SDK 版本都会有指定的整数值与之对应，如 Android 2.2.x 的版本数是 8。当然，除了可以指定最低版本之外，<uses-sdk>标签还可以指定最高版本和目标版本。

<application>：应用配置的根元素，位于<manifest>下层，包含所有与应用有关的元素，其属性可以作为子元素的默认属性，常用的属性包括：应用名 android:label，应用图标 android:icon，应用主题 android:theme 等。当然，<application>标签还提供了其他丰富的配置属性，由于篇幅限制，大家可以通过 Android SDK API 文档来进一步学习。

<activity>：Activity 活动组件（即界面控制器组件）的声明标签，Android 应用中的每一个 Activity 都必须在 AndroidManifest.xml 配置文件中声明，否则系统将不能识别，也不执行该 Activity。<activity>标签中常用的属性如下：Activity 对应类名 android:name，对应主题 android:theme，加载模式 android:launchMode，键盘交互模式 android:windowSoftInputMode 等。其他的属性用法大家可以参考 Android SDK 文档学习。另外，<activity>标签还包含用于消息过滤的<intent-filter>元素，以及用于存储预定义数据的<meta-data>元素。

1.2.2 ADT 常用窗口

1. DDMS 调试环境

模拟器运行之后，就是一个独立的操作系统，无法捕捉到它的具体状态。所以 Android 为用户提供了 DDMS（Dalvik Debug Monitor Service）调试环境，它提供了一系列的调试服务。

DDMS 既可以在菜单中打开，也可以通过工具栏打开，下面分别介绍这两种方式。

（1）在菜单中打开 DDMS：依次选择“Tools→Android→Android Device Monitor”选项，如图 1-24 所示，在弹出的对话框就可以看到 DDMS。

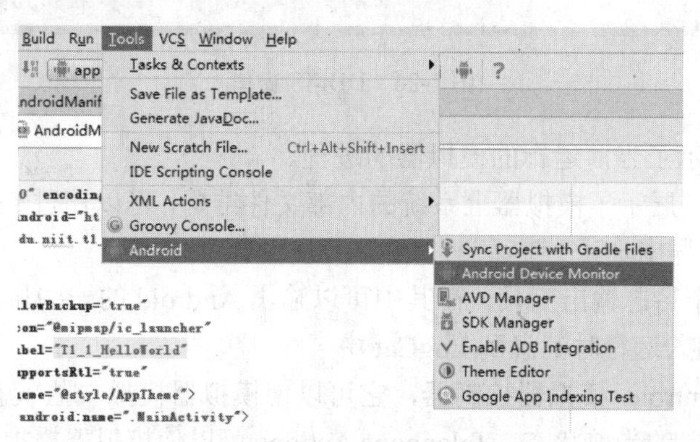

图 1-24　通过菜单打开 DDMS

（2）在 Android Studio 工具栏中找到“Android Device Monitor”工具的图标按钮，如图 1-25 所示，单击该按钮即可打开 Android Device Monitor。

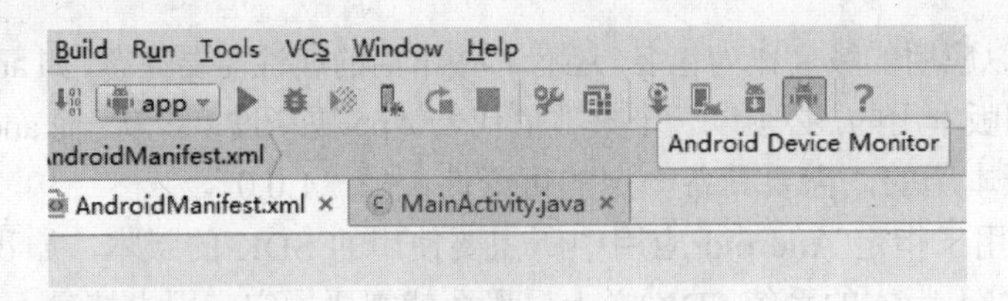

图 1-25　在工具栏中打开 DDMS

打开的 DDMS 调试环境如图 1-26 所示，可以在界面中看到几个面板，下面简单介绍一些常用的面板。

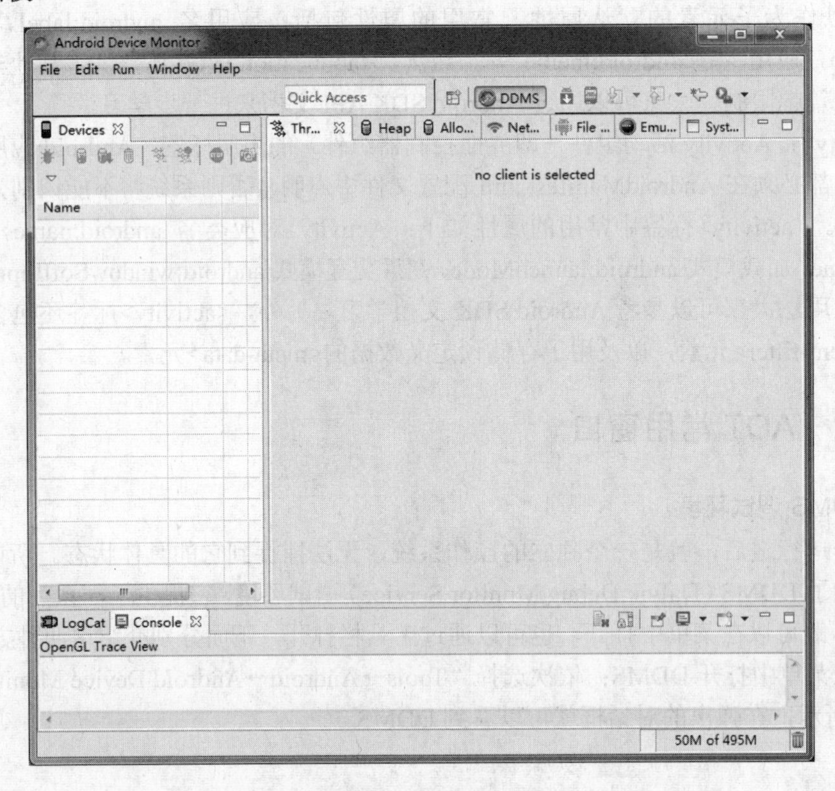

图 1-26　DDMS 窗口

① Devices：显示了当前运行的模拟器的进程。

② File Explorer：展示了模拟器上系统的内部文件结构，可以通过 File Explorer 对模拟器上的文件进行导入和导出。

③ LogCat：一个日志输出工具，在其中可以输出 Android 的一些日志信息，开发人员也可以通过 Log 类，写入运行时消息到 LogCat 中。

④ Emulator Control：模拟器控制器，它可以使模拟器模拟一些状态。例如，Telephone Status 可以设置模拟器的当前状态；Telephone Actions 可以使模拟器模拟来电或者接收短信；Location Controls 可以在模拟器上模拟一个当前所在的位置信息，如图 1-27 所示。

模拟器运行之后，就是一个相对于当前运行系统的另外一个独立的系统。当前系统为了捕获到模拟器上的信息，看似使用的是 DDMS，其实 DDMS 也借助了 adb.exe 工具，它位于 platform-tools 目录下，该目录包含了一些开发 Android 应用程序需要用到的工具。Android 调试桥（Android Debug Bridge，ADB）用于实现当前系统对模拟器的桥接。

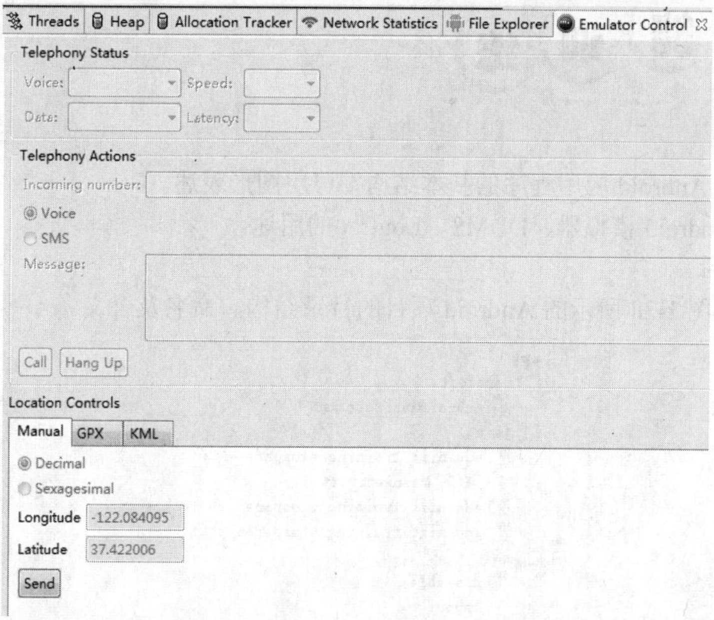

图 1-27　Emulator Control

2. LogCat 窗口

在 Android Studio 中运行 Android 程序时，在 LogCat 窗口中会显示出一系列的信息，这些信息是每一个程序通过 Dalvik 虚拟机所传出的实时信息，可以方便用户对程序的了解。

在 LogCat 窗口中，每条信息主要包含 Time、PID、Tag 和 Text 等。

① Time 表示执行的时间，这个信息对于学习生命周期，分析程序运行的先后顺序特别有用。

② PID 表示程序运行时的进程号。

③ Tag 表示标签，通常指系统中的一些进程名，如运行 helloworld 程序的话，就会看到 activitymanager 在运行。

④ Text 表示进程运行时的一些具体信息。

在 LogCat 窗口的左侧可以添加 Filters。单击绿色的“+”按钮，即可添加一条新的 Filter 筛选信息，使 LogCat 中只显示需要分析的信息。例如，若只想查看 Tag 为“HelloWorld”的信息，就可以在 Filter 中的“by Log Tag”中输入 HelloWorld，这样只有 Tag 为“HelloWorld”的内容才会被显示出来。

如果需要在 LogCat 中输出程序的运行信息，可以在程序中导入相应的包，即导入 import android.util.Log;，然后在需要输出信息的方法中增加相关的调试代码，如 Log.i("HelloWorld", "oncreate");。方法 i 是 Log 类的静态方法，可以直接使用。它还提供了其他的输出方法，使用哪个方法就决定了输出的类型，如这里用 i，表示输出的是 information。

本章主要介绍了 Android Studio 中 Project 结构类型及 Android 结构类型的目录结构，并重点讲解了 R.java 及 AndroidManifest.xml 文件的作用。此外，分别介绍了两个 ADT 常用的窗口——DDMS、LogCat，在开发过程中合理使用这些工具，可以有效地帮助用户提高 Android

项目的开发效率。

1. 思考题

（1）什么是 Android 应用程序的基本结构？可用图形表述。

（2）简述 Android 模拟器、DDMS、LogCat 的用途。

2. 实操练习

（1）简述如图 1-28 所示的 Android 项目的目录结构、命名及含义。

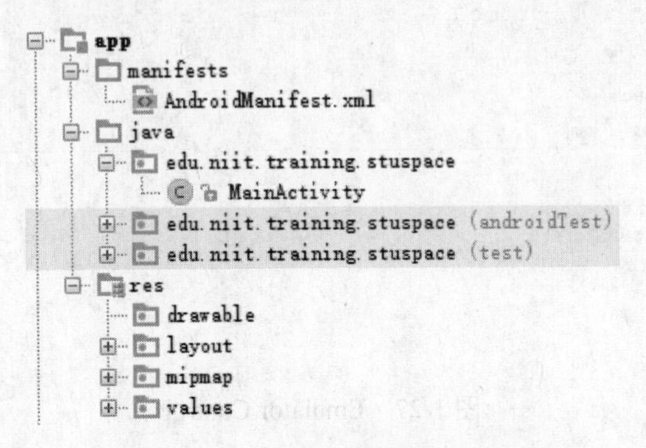

图 1-28　Android 项目的目录结构

（2）在 Android 模拟器中运行一个 Android 项目，熟悉 ADT 常用窗口的使用方法。

任务 T2

学生空间 App 的界面设计

本任务将讲解 Android 应用程序中常见基本控件的使用方法及应用场景，并结合学生空间 App 的实际需求，实现该应用程序的登录、个人信息维护等基本界面的开发。

任务 T2-1　基本控件（一）

- 掌握 TextView 控件的使用方法及应用场景；
- 掌握 EditText 控件的使用方法及应用场景；
- 掌握 Button 控件的使用方法及应用场景。

本子任务是为学生空间 App 添加登录界面，包括用户名信息输入、密码信息的输入及登录按钮的使用。登录界面实现效果如图 2-1 所示。

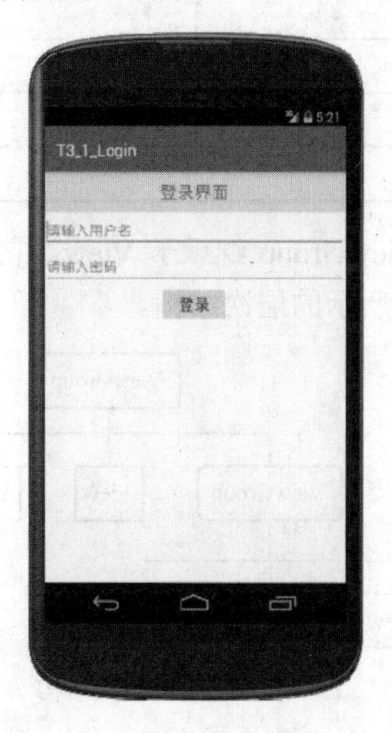

图 2-1　登录界面

该界面中文本框使用的是 TextView 控件，编辑框使用的是 EditText 控件，按钮使用的是 Button 控件，按照提示输入用户名信息和密码信息后，单击“登录”按钮，弹出消息提示对话框并显示输入的相应信息。

2.1.1 界面控件的基本结构

在为手机应用程序开发界面时会用到控件，常用界面控件如表 2-1 所示。

表 2-1 常用界面控件

序号	属性名称	作用描述
1	TextView	显示文本信息
2	Button	普通按钮
3	EditText	可编辑的文本框组件（输入框）
4	ImageView	用于显示图片
5	ImageButton	图片按钮
6	CheckBox	复选框
7	RadioGroup	单选按钮组
8	Spinner	下拉列表组件
9	ProgressBar	进度条
10	SeekBar	拖动条
11	RatingBar	评分组件
12	ListView	列表
13	Dialog	对话框
14	Toast	信息提示组件

所有控件的基类为 View，ViewGroup 继承于 View，它可以包含其他的 View，就像一个 View 的容器，从而形成如图 2-2 所示的层次结构。

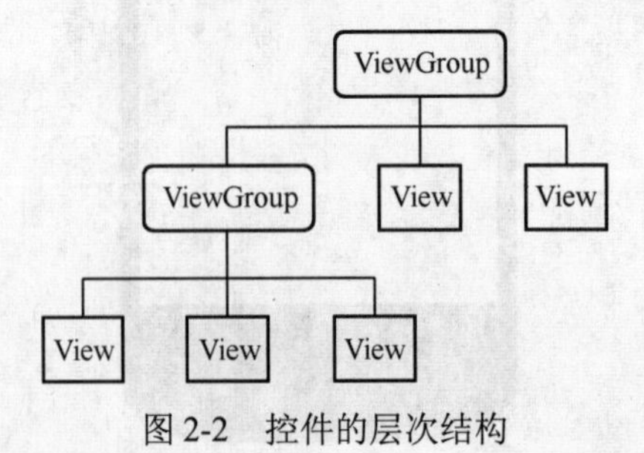

图 2-2 控件的层次结构

2.1.2 TextView 控件

TextView 继承自 View 类，位于 android.widget 包中。TextView 控件的功能是向用户显示文本的内容，但不允许编辑，其常用属性如表 2-2 所示。

表 2-2　TextView 控件常用属性

序　号	属 性 名 称	作 用 描 述
1	android:layout_width	设置控件的宽度
2	android:layout_height	设置控件的高度
3	android:id	设置组件的 ID
4	android:text	设置文本内容
5	android:textColor	设置文本颜色
6	android:textSize	设置文本大小
7	android:background	设置控件的背景色
8	android:gravity	设置文本相对控件的位置
9	android:layout_gravity	设置控件相对于其所在容器的位置

TextView 控件的使用首先要增加到布局文件中，即/res/layout/main.xml 文件中。

初始添加的 TextView 控件默认形式，如需要修改 TextView 的显示内容、字体大小等，有以下两种方式。

（1）可以在 XML 中修改某个属性的值来控制控件的表现形式。

```
<TextView android:layout_width="wrap_content "
        android:layout_height="wrap_content"
        android:id="@+id/tv1"
        android:textColor="#FFFFFF"
        android:textSize="18sp"
        android:background="#0000FF"
        android:text="@string/hello_world" />
```

android:id 属性声明了 TextView 的 ID，这个 ID 主要用于在代码中引用这个 TextView 对象。“@+id/tv1”表示所设置的 ID 值，@表示后面的字符串是 ID 资源，加号（+）表示需要建立新资源名称，并添加到 R.java 文件中，斜杠后面的字符串（tv1）表示新资源的名称。

（2）可以通过代码获取这个控件的对象来修改其属性。

① View 在 XML 中必须已配置 id。

② 通过 View 的 findViewById（int id）修改属性。

```
import android.widget.TextView;
public class MainActivity extends Activity {
    @Override
    protected void onCreate(Bundle savedInstanceState) {
        super.onCreate(savedInstanceState);
        setContentView(R.layout.activity_main);
```

```
        TextView tv = (TextView) findViewById(R.id.tv1);
        tv.setText("hello world");
        tv.setTextSize(20);
        tv.setTextColor(0xFFFFFFFF);
        tv.setBackgroundColor(0xFF0000FF);
    }
```

2.1.3 EditText 控件

EditText 是一个非常重要的组件，它是用户和 Android 应用进行数据传输的窗户，有了它就等于有了一扇和 Android 应用传输的“门”，通过它，用户可以把数据传给 Android 应用，然后得到用户想要的数据。

EditText 继承自 android.widget.TextView，在 android.widget 包中，EditText 是 TextView 的子类，具有 TextView 的属性特点，表 2-3 是 EditText 常用的属性。

表 2-3　EditText 控件常用属性

序　号	属性名称	作用描述
1	android:inputType	设置文本的类型
2	android:digits	设置允许输入哪些字符
3	android:hint	设置编辑框内容为空时显示的提示信息
4	android:password	设置只能输入密码，以”.”显示文本
5	android:singleLine	设置文本单行显示
6	android:editable	设置是否可编辑
7	requestFocus()	使当前组件对象获得焦点
8	android:phoneNumber	设置电话号码的输入方式
9	android:ems	设置控件的宽度为 N 个字符

2.1.4 Button 控件

Button 控件是一种按钮控件，用户可以在该控件上单击，并能引发相应的事件处理函数，Button 继承自 android.widget.TextView，在 android.widget 包中，其常用子类有 CheckBox、RadioButton、ToggleButton 等。

Button 的基本使用方法有以下几种。

（1）添加 Button 控件到 XML 布局文件中，也可通过程序添加。

在布局文件中设置按钮的一些属性，如位置、宽高、按钮上的字、颜色等，比较重要的是要给按钮一个 ID，这是按钮唯一的名称。

（2）处理按钮的单击事件。

按钮单击有如下两种处理方法。

① 通过 onClick 属性设置处理单击事件的方法名，在 Activity 中实现这个方法。

在 XML 布局文件中设置 Button 的属性，即 android:onClick="myclick"，然后在该布局文件对应的 Acitivity 中实现该方法。

```
public void myclick(View view) {
      // Do something in response to button click
}
```

② 另一种方法是使用 setOnClickListener 添加监听器对象，可以写一个内部类，实现 OnClickListener 接口，在这个类中实现 onClick 方法，方法中写按钮单击时想做的具体工作。

```
Button button = (Button) findViewById(R.id.button_send);
button.setOnClickListener(new View.OnClickListener() {
  public void onClick(View v) {
     // Do something in response to button click
  }
    }
```

创建一个 App 的基本步骤如图 2-3 所示。

App的基本步骤

① 先有资源

② 界面布局

③ 承载布局Activity

④ 写事件逻辑（Activity中）

图 2-3　创建 App 的基本步骤

新建工程 T2_1_Login，本子任务具体实现过程如下。

步骤 1　创建布局文件“res/layout/activity_main.xml”。

布局文件位于 layout 文件夹下，是界面显示的具体内容。

创建方式有以下两种。

（1）直接写布局代码：可以直接修改布局文件。

（2）图形化界面布局：通过 Design 进行设置，拖放布局。

根据界面情况，采用 LinearLayout 布局控件进行布局，拖放一个 TextView 控件、两个 EditText 控件、一个按钮到界面中，图形化界面的布局如图 2-4 所示。

通过图形界面设置属性：设置 gravity 属性值为水平居中“center”，背景颜色可通过设置 background 属性值为“#DBDBDB”来实现。同样，文本颜色可以设置 textColor 的属性，颜色定义采用三原色 RGB，详细描述参见 T3-2。

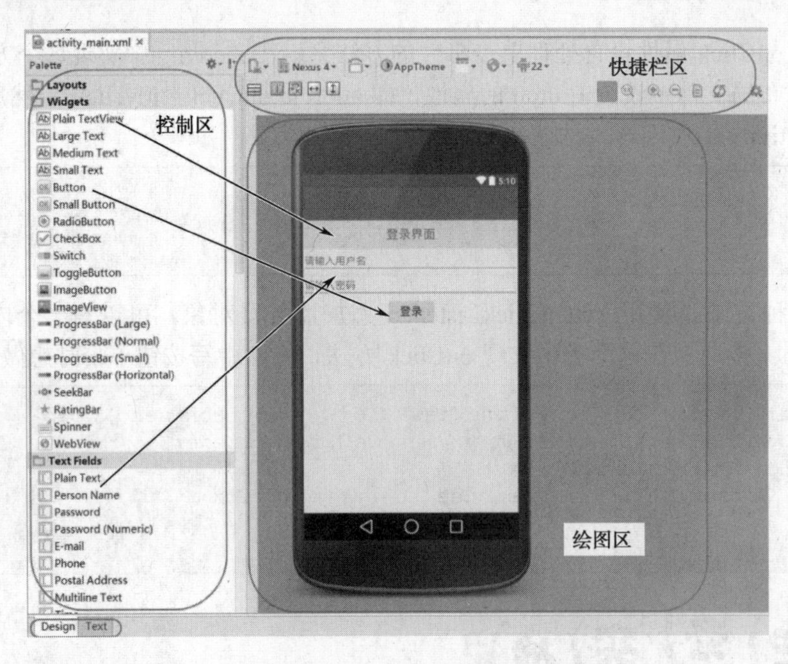

图 2-4 图形化界面中基本控件的选择

完成后的布局文件如下：

```
<?xml version="1.0" encoding="utf-8"?>
<LinearLayout xmlns:android="http://schemas.android.com/apk/res/android"
    android:layout_width="match_parent"
    android:layout_height="match_parent"
    android:orientation="vertical">
<TextView
        android:layout_width="match_parent"
        android:layout_height="50dp"
        android:background="#DBDBDB"
        android:gravity="center"
        android:text="登录界面"
        android:textSize="22sp" />
<EditText
        android:id="@+id/ev_userName"
        android:layout_width="match_parent"
        android:layout_height="wrap_content"
        android:hint="请输入用户名" />
<EditText
        android:id="@+id/ev_password"
        android:layout_width="match_parent"
        android:layout_height="wrap_content"
        android:hint="请输入密码" />
<Button
        android:id="@+id/btn_login"
        android:layout_width="wrap_content"
        android:layout_height="wrap_content"
        android:layout_gravity="center"
        android:text="登录"
        android:textSize="20sp" />
</LinearLayout>
```

步骤 2 新建“MainActivity”类，创建 Activity。

Activity 直观理解就是手机屏幕上的一个界面，Activity 主要作用是将界面呈现出来，Activity 是 Android 系统中的四大组件之一，可以用于显示 View 可视控件。Activity 是一个与用户交互的系统模块，几乎所有的 Activity 都是和用户进行交互的。交互的具体作用：一是显示；二是人机互动。

在 MainActivity 中重写 Activity 父类的 onCreate()方法。onCreate 方法为必须重写的方法，主要工作有以下两项。

（1）完成布局界面的显示：

```
protected void onCreate(Bundle savedInstanceState) {
        super.onCreate(savedInstanceState);
        setContentView(R.layout.activity_main);
}
```

（2）建立相关的事件响应：

```
//确认按钮
        Button button = (Button)findViewById(R.id.btn_login);
        button.setOnClickListener(new OnClickListener() {
        })
```

步骤 3 添加“登录”按钮事件。

当用户单击“登录”按钮时，弹出提示框并显示用户输入的用户名与密码，其具体事件逻辑如下：

```
button.setOnClickListener(new OnClickListener() {
    @Override
    public void onClick(View arg0) {
        String userName = ev_userName.getText().toString();
        String password = ev_password.getText().toString();
        Toast.makeText(MainActivity.this, "用户名：" + userName +
                        "密码：" + password, Toast.LENGTH_LONG).show();
    }
});
```

在本子任务中，首先介绍了界面控件的基本结构，重点介绍了 TextView、EditText 和 Button 三个基本控件的使用方法和应用场景，然后通过对学生空间 App 中登录界面的实战演练，加强了对三个控件在实际应用开发中的练习。TextView、EditText 和 Button 基本控件的使用是本子任务的重点，需要重点掌握。

1．思考题

（1）请结合本节所学内容，分别分析 TextView、EditText、Button 三个控件的应用场景。

（2）总结 TextView、EditText、Button 三个控件的使用步骤。

（3）试分析给 Button 按钮添加单击事件的方法。

（4）在 Android 常用的控件中，________常称为文本编辑框，它是 TextView 的一个子类，可用来显示文本并可从用户处接收文本输入。

（5）在使用 TextView 时，可以通过修改________属性来设置字体的大小。

2．实操练习

（1）综合使用 TextView、EditText、Button 控件完成如图 2-5 所示的界面任务。

（2）输入账号和密码信息，单击“确定”按钮，使用 Toast 显示所输入的信息。

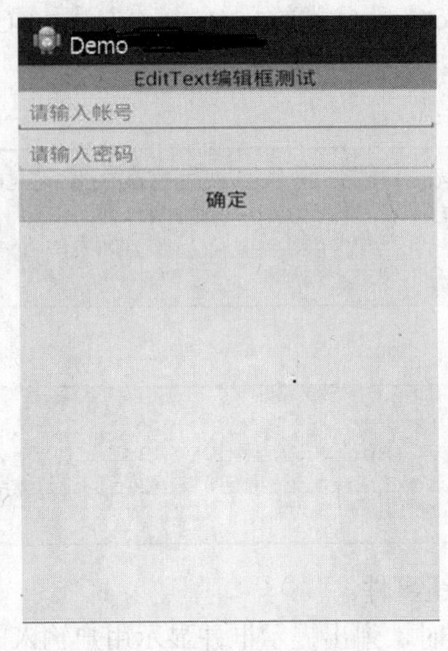

图 2-5　基本控件练习

3．扩展阅读

（1）如果需要在原有功能基础上增加一个图像按钮，使图像大小与按钮相同，可以采用如下方法：

```
android:background="@android:color/transparent"
android:src="@android:drawable/btn_star"
```

在布局中使用资源有两种方式，以给 Background 属性赋值为例：一种方式是使用自定义的资源，可以写成 android:background="@color/selfRed"；另一种方式是使用系统定义资源，可以写成 android:background="@android:color/transparent"。

（2）在实际应用中，常常需要为文本框限定具体内容。

例如，限制输入框中只能输入自己定义的字符串，如果输入其他字符串将不显示：

```
android:digits="1234567890.+-*/%\n()"
```

限制输入框中只能输入手机号码：

```
android:phoneNumber="true"
```

限制输入框中输入的任何内容将以"*"来显示：

```
android:password="true"
```

输入内容前默认显示在输入框中的文字：

```
android:hint="默认文字"
```

设置文字内容颜色：

```
android:textColorHint="#FF0000"
```

设置输入框不能被编辑：

```
android:enabled="false"
```

（3）Toast 是 Android 中用来显示信息的一种机制，用于向用户显示提示消息，Toast 是没有焦点的，而且 Toast 显示的时间有限，经过一定的时间就会自动消失。常用的方法如下所示：

```
Toast.makeText(getApplicationContext, "默认的 Toast",
            Toast.LENGTH_LONG).show();
```

其中，第一个参数表示当前的上下文环境；第二个参数表示要显示的字符串，也可以是 R.string 中的字符串 ID；第三个参数表示显示的时间长短，Toast 默认的有两个时间长度，分别为 LENGTH_LONG（长）和 LENGTH_SHORT（短），也可以使用毫秒，如 3000ms。

- android.intent.action.MAIN 决定应用程序最先启动。
- android.intent.category.LAUNCHER 决定应用程序是否显示在程序列表里。

任务 T2-2　基本控件（二）

- 掌握 ImageView 控件的使用方法及应用场景；
- 掌握 CheckBox 控件的使用方法及应用场景；
- 掌握 RadioButton 控件的使用方法及应用场景。

本子任务是为学生空间 App 添加个人信息维护界面。用户可以在该界面中添加相应的个人信息：输入用户姓名、选择用户的性别、选择喜欢的专业。通过这个界面的开发，进一步巩固 ImageView、CheckBox、RadioButton 三个控件的使用方法。该界面的实现效果如图 2-6 所示。

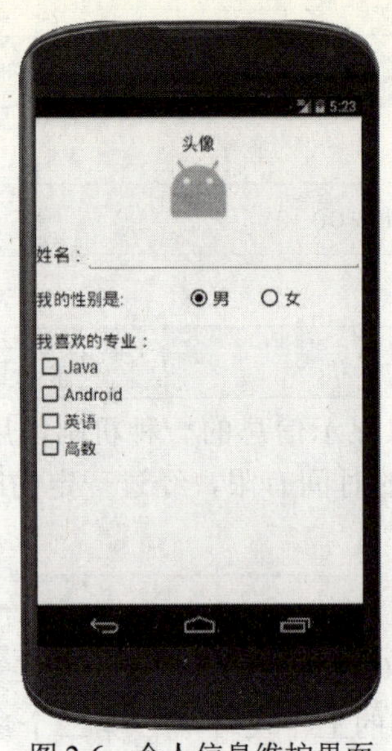

图 2-6　个人信息维护界面

2.2.1 ImageView 控件

ImageView 控件是用于展示图片的控件，可以展示两类图片：一是普通的静态图片；二是动态的图片，如 GIF 格式的图片。

ImageView 控件的常用属性如表 2-4 所示。

表 2-4　ImageView 控件常用属性

序　号	属性名称	作用描述
1	android:adjustViewBounds	是否保持宽高比，需要与 maxWidth、maxHeight 一起使用，否则没有效果
2	android:cropToPadding	是否截取指定区域用空白代替，单独设置无效，需要与 scrollY 一起使用
3	android:maxHeight	设置 View 的最大高度，单独使用无效，需要与 setadjustViewBounds 一起使用
4	android:maxWidth	设置 View 的最大宽度，单独使用无效，需要与 setadjustViewBounds 一起使用
5	android:src	用于设置 ImageView 中展示什么图片
6	android:scaleType	设置图片的填充方式
7	android:tint	将图片渲染成指定的颜色

其中，关键属性 android:src 用于设置 ImageView 中展示什么图片，可以通过 XML 或代码赋值，Android 中推荐使用 PNG 图片。

> 若图片由程序自带，需要将图片作为 drawable 资源。
> 在使用前先将图片复制到 drawable 相对应的资源文件夹下，否则运行会报错。

完成以下任务：利用 ImageView 控件实现图片循环浏览的功能，当单击 “下一幅”按钮时，依次向后浏览不同图片。当单击“上一幅”按钮时，依次向前浏览不同图片。

具体实现步骤如下。

步骤 1 完成界面布局。

将本子任务所需的图片放至对应的文件夹下，并创建布局文件 res/layout/imageview.xml，部分代码如下所示。

```
<LinearLayout xmlns:android="http://schemas.android.com/apk/res/android"
   android:orientation="vertical"
   android:layout_width="fill_parent"
   android:layout_height="fill_parent"
   android:gravity="center_horizontal">
   <ImageView
       android:id="@+id/img_showmulti"
       android:layout_width="80dp"
       android:layout_height="80dp"
       android:src="@drawable/btm1"
       android:layout_gravity="center_horizontal"/>
   <LinearLayout
       android:layout_width="match_parent"
       android:layout_height="wrap_content"
       android:orientation="horizontal"
       android:layout_marginTop="20dp" >
       <Button
           android:id="@+id/btn_previous"
           android:layout_width="0dp"
           android:layout_height="wrap_content"
           android:layout_marginLeft="20dp"
           android:layout_weight="1"
           android:text="@string/pre" />
       <Button
           android:id="@+id/btn_next"
           android:layout_width="0dp"
           android:layout_height="wrap_content"
           android:layout_gravity="right"
           android:layout_weight="1"
           android:layout_marginRight="20dp"
           android:text="@string/next" />
   </LinearLayout>
</LinearLayout>
```

为了实现相应的界面效果，在上述布局中采用了嵌套布局的方法，即在一个垂直方向的线性布局中嵌套了一个水平方向的线性布局。这种方法可以使界面布局更加灵活多样。

步骤 2 定义“上一幅”、“下一幅”按钮的逻辑。

获取 Button 控件，并为其设置监听，当用户单击对应的按钮时，依次向前或向后展示图片，部分代码如下所示。

```
img_photo=(ImageView) findViewById(R.id.img_showmulti);
//获取布局中的按钮
Button btn_previous=(Button) findViewById(R.id.btn_previous);
Button btn_next=(Button) findViewById(R.id.btn_next);
btn_previous.setOnClickListener(this);
btn_next.setOnClickListener(this);
```

其中，按钮单击事件的监听逻辑如下。

```
@Override
public void onClick(View v) {
    // TODO Auto-generated method stub
    if(v.getId()==R.id.btn_previous)
    {
        if(nowIndex>0){
        img_photo.setImageResource(drawChange[--nowIndex]);
        }else if(nowIndex == 0){
            nowIndex = drawChange.length-1;
            img_photo.setImageResource(drawChange[nowIndex]);
        }
    }

            if(v.getId()==R.id.btn_next){

        if(++nowIndex<drawChange.length){
            img_photo.setImageResource(drawChange[nowIndex]);
        }else{
            nowIndex = 0;
            img_photo.setImageResource(drawChange[nowIndex]);
        }
    }
}
```

2.2.2 CheckBox 控件

CheckBox 和 Button 一样，也是一种常见的控件，它是 CompoundButton 的子类，是一个带有选中/未选中状态的按钮，可用于多选的场景，也可用于只有一个选项的情况，如注册时是否同意使用协议选项。

CheckBox 的优点在于不用用户去填写具体的信息，只需选中选择框；缺点在于只有“选择”和“不选择”两种情况，但往往可以利用它的这个特性来获取相应的信息。

CheckBox 的关键属性及方法如下。

（1）android:text：用于设置 CheckBox 控件提示文字。

（2）android:checked = "true"：用于设置此标签的初始状态为选中。

（3）isChecked()：用于判断按钮是否处于被选中状态。

（4）setChecked（Boolean flag)：通过传递一个布尔参数来设置按钮的状态。

改变 CheckBox 的选择状态方式有三种：XML 中申明、代码动态改变、用户触摸单击。

它的改变将会触发 OnCheckedChange 事件，所以可以对应地使用 OnCheckedChangeListener 监听器来监听这个事件。

完成以下任务：模拟开发一个学生选课系统，在 UI 界面上纵向罗列出可选课程，当用户选择或取消选择某一课程时，在文本框中实时显示当前所选内容。

具体实现步骤如下。

步骤 1　完成界面布局。

创建布局文件 res/layout/checkbox.xml，部分代码如下所示。

```
<LinearLayout xmlns:android="http://schemas.android.com/apk/res/android"
    android:layout_width="match_parent"
    android:layout_height="match_parent"
    android:orientation="vertical" >
    <TextView
        android:id="@+id/title"
        android:layout_width="wrap_content"
        android:layout_height="wrap_content"
        android:text="@string/title"
        android:textSize="9pt"
        android:textColor="#0000FF"/>
    <TextView
        android:id="@+id/tv_selected"
        android:layout_width="wrap_content"
        android:layout_height="40dp"
        android:layout_marginTop="20dp"
        android:textColor="#0000FF"
        android:text="" />
    <CheckBox
        android:id="@+id/chk_english"
        android:layout_width="wrap_content"
        android:layout_height="wrap_content"
        android:text="@string/English" />
    <CheckBox
        android:id="@+id/chk_maths"
        android:layout_width="wrap_content"
        android:layout_height="wrap_content"
        android:text="@string/Math" />
    <CheckBox
        android:id="@+id/chk_Android"
        android:layout_width="wrap_content"
        android:layout_height="wrap_content"
        android:text="@string/Android" />
    <CheckBox
        android:id="@+id/chk_dataStructure"
        android:layout_width="wrap_content"
        android:layout_height="wrap_content"
        android:text="@string/Structure" />
</LinearLayout>
```

步骤 2　编写程序逻辑。

获取 TextView 及 CheckBox 控件，并为 CheckBox 控件设置监听，当用户选择或取消选择某一课程时，在文本框中实时显示当前所选内容，部分代码如下所示。

```
tv_selected = (TextView) findViewById(R.id.tv_selected);
// 获取布局中的复选框按钮
chk_android = (CheckBox) findViewById(R.id.chk_Android);
chk_maths = (CheckBox) findViewById(R.id.chk_maths);
chk_english = (CheckBox) findViewById(R.id.chk_english);
chk_dataStructure = (CheckBox) findViewById(R.id.chk_dataStructure);
CheckedChange checkedChange = new CheckedChange();
chk_android.setOnCheckedChangeListener(checkedChange);
```

```
chk_maths.setOnCheckedChangeListener(checkedChange);
chk_english.setOnCheckedChangeListener(checkedChange);
chk_dataStructure.setOnCheckedChangeListener(checkedChange);
```

在上述代码中，CheckedChange()为 CheckBox 的监听事件，其具体逻辑如下。

```
class CheckedChange implements CompoundButton.OnCheckedChangeListener {
   String course = "";
   @Override
   public void onCheckedChanged(CompoundButton buttonView,
   boolean isChecked) {
       // TODO Auto-generated method stub
       course = "";
       //tv_selected.setText("");

       if (chk_english.isChecked()) {
           course += " " + chk_english.getText().toString();
       }
       if (chk_maths.isChecked()) {
           course += " " + chk_maths.getText().toString();
       }
       if (chk_android.isChecked()) {
           course += " " + chk_android.getText().toString();
       }
       if (chk_dataStructure.isChecked()) {
           course += " " + chk_dataStructure.getText().toString();
       }
       tv_selected.setText(course);
   }
}
```

2.2.3 RadioButton 控件

RadioButton 控件同样也是 CompoundButton 的子类。它是一个单选按钮，主要应用于单选的场景，需要同 RadioGroup 控件一起使用方可实现单选效果。

RadioGroup 是单选组合框，它用于将 RadioButton 框起来。在没有 RadioGroup 的情况下，RadioButton 可以全部选中；而在多个 RadioButton 被 RadioGroup 包含的情况下，RadioButton 只可以选择一个，也就是实现了单选的效果。

RadioButton 和 RadioGroup 在使用过程中需要注意以下几点。

（1）RadioButton 表示单个圆形单选框，理论上也可以单独使用；而 RadioGroup 是可以容纳多个 RadioButton 的容器，使 RadioButton 实现单选功能。

（2）每个 RadioGroup 中的 RadioButton 同时只能有一个被选中。

（3）不同的 RadioGroup 中的 RadioButton 互不相干，即如果 RadioGroup A 中有一个被选中了，RadioGroup B 中依然可以有一个被选中。

（4）通常，一个 RadioGroup 中至少有 2 个 RadioButton。

（5）一般而言，一个 RadioGroup 中的 RadioButton 默认有一个被选中，通常建议将它放在 RadioGroup 中的起始位置。

CheckBox 控件的重要事件为 onCheckedChanged，当选项发生变化时触发该事件。需实现 RadioGroup 的 OnCheckedChangedListener 接口，并实现回调方法 onCheckedChanged()，设置监听对象。

在编程中，一般使用 RadioGroup 的 getCheckedRadioButtonId 方法来获取 RadioGroup 中具体哪一个 RadioButton 被选中。

RadioButton 和 CheckBox 的区别如下：

- 单个 RadioButton 在选中后，通过单击无法变为未选中的状态；
  单个 CheckBox 在选中后，通过单击可以变为未选中的状态。
- 一组 RadioButton，只能同时选中一个（单选）；
  一组 CheckBox，能同时选中多个（多选）。
- RadioButton 在大部分 UI 框架中默认用圆形表示；
  CheckBox 在大部分 UI 框架中默认用矩形表示。

新建工程 T2_2_Personal，为学生空间 App 添加个人信息维护界面。本子任务具体实现过程如下。

步骤 1　创建布局文件，并选择合适的整体布局方式。

根据目标界面，可以选用垂直方向的 LinearLayout 布局控件进行布局，代码如下所示。

```
<LinearLayout xmlns:android="http://schemas.android.com/apk/res/android"
    android:layout_width="match_parent"
    android:layout_height="match_parent"
    android:orientation="vertical">

</LinearLayout>
```

步骤 2　添加用户头像。

在上述垂直方向的 LinearLayout 布局中嵌套一个垂直方向的 LinearLayout 布局，用来添加头像的文字说明及头像的图片（为了方便起见，直接选用 ic_launcher 作为头像图片），代码如下所示。

```
<LinearLayout xmlns:android="http://schemas.android.com/apk/res/android"
    android:layout_width="match_parent"
    android:layout_height="match_parent"
    android:orientation="vertical">
    <LinearLayout
        android:layout_width="match_parent"
        android:layout_height="wrap_content"
        android:layout_marginTop="@dimen/activity_horizontal_margin"
        android:gravity="center"
        android:orientation="vertical">
        <TextView
            android:layout_width="wrap_content"
            android:layout_height="wrap_content"
```

```
            android:text="头像"
            android:textColor="@android:color/black"
            android:textSize="20sp" />
        <ImageView
            android:layout_width="80dp"
            android:layout_height="80dp"
            android:src="@mipmap/ic_launcher" />
    </LinearLayout>
</LinearLayout>
```

步骤 3 添加用户姓名。

在第一步的 LinearLayout 布局中再嵌套一个横向排列的 LinearLayout 布局，添加姓名的文字说明及姓名输入框，代码如下所示。

```
<LinearLayout
    android:layout_width="match_parent"
    android:layout_height="wrap_content"
    android:layout_marginTop="@dimen/activity_vertical_margin">
    <TextView
        android:layout_width="wrap_content"
        android:layout_height="wrap_content"
        android:layout_gravity="center_vertical"
        android:gravity="center"
        android:text="姓名："
        android:textColor="@android:color/black"
        android:textSize="20sp" />
    <EditText
        android:id="@+id/et_name"
        android:layout_width="match_parent"
        android:layout_height="wrap_content" />
</LinearLayout>
```

步骤 4 添加用户性别。

在第一步的 LinearLayout 布局中再继续嵌套一个横向排列的 LinearLayout 布局，添加性别的文字说明及性别的单选按钮，代码如下所示。

```
<LinearLayout
    android:layout_width="match_parent"
    android:layout_height="wrap_content"
    android:layout_marginTop="@dimen/activity_vertical_margin">
    <TextView
        android:layout_width="wrap_content"
        android:layout_height="wrap_content"
        android:layout_gravity="center_vertical"
        android:gravity="center"
        android:text="@string/my_sex"
        android:textColor="@android:color/black"
        android:textSize="20sp" />
    <RadioGroup
        android:id="@+id/rg"
        android:layout_width="match_parent"
        android:layout_height="wrap_content"
        android:gravity="center"
        android:orientation="horizontal">
        <RadioButton
            android:id="@+id/rb_teenager"
```

```
            android:layout_width="wrap_content"
            android:layout_height="wrap_content"
            android:layout_marginRight="@dimen/activity_vertical_margin"
            android:checked="true"
            android:text="男"
            android:textSize="20sp" />
        <RadioButton
            android:id="@+id/rb_lolita"
            android:layout_width="wrap_content"
            android:layout_height="wrap_content"
            android:layout_marginLeft="@dimen/activity_vertical_margin"
            android:text="女"
            android:textSize="20sp" />
    </RadioGroup>
</LinearLayout>
```

步骤 5　添加用户喜欢的专业。

在第一步的 LinearLayout 布局中再嵌套一个纵向排列的 LinearLayout 布局，添加专业的文字说明及专业的多选按钮，代码如下所示。

```
<LinearLayout
    android:layout_width="match_parent"
    android:layout_height="wrap_content"
    android:layout_marginTop="20dp"
    android:orientation="vertical">
    <TextView
        android:layout_width="wrap_content"
        android:layout_height="wrap_content"
        android:text="我喜欢的专业："
        android:textColor="@android:color/black"
        android:textSize="20sp" />
    <CheckBox
        android:id="@+id/chb_java"
        android:layout_width="wrap_content"
        android:layout_height="wrap_content"
        android:text="Java"
        android:textSize="20sp" />
    <CheckBox
        android:id="@+id/chb_android"
        android:layout_width="wrap_content"
        android:layout_height="wrap_content"
        android:text="Android"
        android:textSize="20sp" />
    <CheckBox
        android:id="@+id/chb_english"
        android:layout_width="wrap_content"
        android:layout_height="wrap_content"
        android:text="英语"
        android:textSize="20sp" />
    <CheckBox
        android:id="@+id/chb_math"
        android:layout_width="wrap_content"
        android:layout_height="wrap_content"
        android:text="高数"
        android:textSize="20sp" />
</LinearLayout>
```

本节主要介绍了 ImageView、CheckBox、RadioButton 三个基本控件的基本概念及使用方法，并通过为学生空间 App 添加个人信息维护界面，使读者了解这三个控件的实际应用场景及具体使用方法。

1. 思考题

（1）请结合本节所学内容，分别分析 ImageView、CheckBox、RadioButton 三个控件的应用场景。

（2）总结 ImageView、CheckBox、RadioButton 三个控件的使用步骤。

（3）在使用 ImageView 控件时，属性 android:src 的作用是什么？

（4）改变 CheckBox 的选择状态有哪几种方法？

（5）RadioButton 控件需要同什么控件一起使用方可实现单选效果？

（6）请简单分析 RadioButton 和 CheckBox 的区别。

2. 实操练习

请综合使用 TextView、ImageView、RadioButton 控件实现一个图片选择器，通过选中花朵的名称显示相应的图片，具体要求如下。

① 使用滚动字幕显示标题“Please choose a flower you like!”。

② 使用 RadioGroup 和 RadioButton 创建两行三列的单选按钮。

③ 当用户选中某一花名时，在页面上显示这种花的图片。

界面效果如图 2-7 所示。

图 2-7　图片选择器界面效果

任务 T2-3　触屏与键盘事件

- 掌握触屏事件的响应方式；
- 掌握键盘事件的处理方法；
- 熟悉触屏及键盘事件的应用场景。

本子任务主要是在学生空间 App 的个人信息维护界面中，通过对触屏事件的捕捉，完成用户头像坐标信息的显示；通过对键盘事件的捕捉，完成本机 IP 地址的保存。功能效果如图 2-8 和图 2-9 所示。

图 2-8　响应触屏事件界面图

图 2-9　响应键盘事件界面图

2.3.1　Android 常见事件

当用户按一个按键时，可能已经涉及若干个事件。例如，按数字键“0”，会涉及一个按下事件以及一个释放（松开）事件。另外，在 Android 应用程序的使用过程中还可能涉及触屏事件，所以在 Android 系统中，事件是重要的常用功能之一。

在 Android 系统中，可以使用监听器来监听事件的发生，并处理相应的按键响应事件和触屏响应事件，常见的事件说明如下。

（1）onClick（View v）：用来处理一个普通的按钮事件。

（2）boolean onKeyMultiple（int keyCode，int repeatCount，KeyEvent event）：用于按键重复，必须重载@Override 实现。

（3）boolean onKeyDown（int keyCode，KeyEvent event）：在按键按下时发生。

（4）boolean onKeyUp（int keyCode，KeyEvent event）：在按键释放时发生。

（5）onTouchEvent（MotionEvent event）：触屏事件，当在触摸屏上有动作时发生。

（6）boolean onKeyLongPress（int keyCode，KeyEvent event）：当长时间按时发生。

2.3.2 onTouchEvent 事件

onTouchEvent 是手机屏幕事件的处理方法，重写 Activity 的 onTouchEvent 方法后，当屏幕有 touch 事件时，此方法就会被调用。应用程序可以通过该方法处理手机屏幕的触摸事件（当用户触摸相应的 Activity 时，onTouchEvent 方法就会被反复调用）。该方法如下所示。

```
public boolean onTouchEvent(MotionEvent event)
```

一般在 Activity 类中重写该方法。

参数 event：参数 event 为手机屏幕触摸事件封装类的对象，其中封装了该事件的所有信息，如触摸的位置、触摸的类型以及触摸的时间等，该对象会在用户触摸手机屏幕时被创建。

返回值：该方法的返回值机理与键盘响应事件的相同，当已经完整地处理了该事件且不希望其他回调方法再次处理时返回 true，否则返回 false。

MotionEvent 类是用于处理运动事件的类，可以用来获取动作的类型、发生动作的位置。常用方法如表 2-5 所示。

表 2-5 MotionEvent 常用方法

方法名称	返回值与结果
MotionEvent.getAction()	（1）屏幕被按下：当屏幕被按下时，MotionEvent.getAction() 的值为 MotionEvent.ACTION_DOWN。 （2）屏幕被抬起：当离开屏幕时触发的事件，MotionEvent.getAction()的值为 MotionEvent.ACTION_UP。 （3）在屏幕中拖动：当在屏幕上滑动时，MotionEvent.getAction() 值为 MotionEvent.ACTION_MOVE
MotionEvent.getX()	获得发生动作的坐标

2.3.3 键盘事件

要监听键盘事件，必须知道按下和释放两种不同的操作。

键盘事件主要用于对键盘事件的监听，根据用户输入内容对键盘事件进行跟踪，键盘事件使用 View.OnKeyListener 接口进行事件处理，接口定义如下。

```
public static interface View.OnKeyListener{
    public boolean OnKey（View v，int keyCode，KeyEvent event）{
    }
}
```

在具体使用时，可为控件设置 OnKeyListener 监听器。

导入工程 T2_2_Personal，重命名为 T2_2_KeyandTouch，重构页面布局，增加 IP 处理相关控件，重构 MainActivity 文件，增加处理触屏事件的逻辑和处理键盘事件的逻辑。本子任务具体实现过程如下。

步骤 1　重构布局文件。

在布局文件中增加 IP 保存相关的控件，使用 EditText 进行 IP 地址的输入，使用 TextView 进行正确格式的显示，如图 2-10 所示。

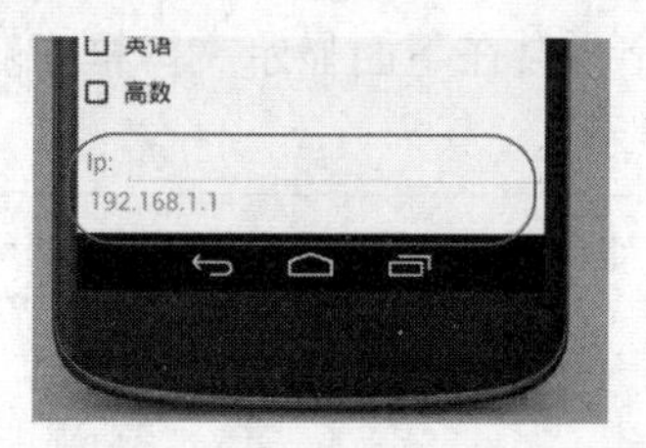

图 2-10　IP 地址保存界面

布局文件新增部分如下。

```
<LinearLayout
    android:layout_width="match_parent"
    android:layout_height="wrap_content"
    android:layout_marginTop="20dp"
    android:orientation="horizontal" >
    <TextView
        android:layout_width="0dp"
        android:layout_height="wrap_content"
        android:layout_weight="1"
        android:gravity="center"
        android:text="Ip:"
        android:textSize="20sp" />
    <EditText
        android:id="@+id/et_ip"
        android:layout_width="0dp"
        android:layout_height="wrap_content"
        android:layout_weight="9"
        android:inputType="number" />
</LinearLayout>
<TextView
    android:id="@+id/tv_showIp"
    android:layout_width="match_parent"
```

```
        android:layout_height="wrap_content"
        android:hint="192.168.1.1"
        android:paddingLeft="10dp"
        android:textSize="20sp" />
```

步骤 2　处理触屏事件逻辑。

处理触屏事件逻辑的代码如下。

```
    public boolean onTouchEvent(MotionEvent event) {
        //区分触屏事件的方式
        if (event.getAction() == MotionEvent.ACTION_DOWN) {
            String pos = "";
            float x = event.getX(); //得到x轴坐标
            float y = event.getY();//得到y轴坐标
            pos = "x轴坐标: " + x + "y轴坐标: " + y;
            Toast.makeText(MainActivity.this, pos, Toast.LENGTH_SHORT).show();
        } else if (event.getAction() == MotionEvent.ACTION_UP) {
            Toast.makeText(MainActivity.this,    "  手  指  抬  起  ",
Toast.LENGTH_SHORT).show();
        }
        return true;
    }
```

步骤 3　处理键盘事件逻辑。

在 IP 地址编辑框中输入数字，会在下面显示文本框中获得正确格式的 IP 地址，即每三个数字中间加上符号“.”进行显示。

```
tv_showIp = (TextView) findViewById(R.id.tv_showIp);
et_ip = (EditText) findViewById(R.id.et_ip);
et_ip.setOnKeyListener(new View.OnKeyListener() {
    @Override
    public boolean onKey(View v, int keyCode, KeyEvent event) {
    switch (event.getAction()) {
    case KeyEvent.ACTION_UP: //键盘释放
        String ip = et_ip.getText().toString();
        String newIp = "";
        for (int i = 0; i < ip.length() / 3; i++) {
            if (i * 3 + 3 < ip.length()) {
                newIp = newIp + ip.substring(i * 3, Math.min(i * 3 + 3,
                                ip.length())) + ".";
            } else {
                newIp = newIp + ip.substring(i * 3, Math.min(i * 3 + 3,
                                 ip.length()));
            }
        }
        tv_showIp.setText(newIp);
        break;
    case KeyEvent.ACTION_DOWN:
        break;
    }
    return false;
    }
});
```

在本子任务中，首先介绍了响应触屏事件的方式，以及完成该事件的响应，然后介绍了响应键盘事件的方式，以及完成该事件的响应。通过对学生空间 App 中个人信息维护界面中相关功能的实战演练，加强对触屏事件和键盘事件逻辑处理的练习，该部分是本任务的重点，需要重点掌握。

1．.思考题

（1）总结响应触屏事件和响应键盘事件的方法。

（2）试分析触屏事件和键盘事件的实际应用场景有哪些，并举例说明。

（3）请问 Android 的常见事件有哪些？

（4）________类是用于处理运动事件的类，可以用来获取动作的类型、发生动作的位置。

（5）onTouchEvent 是手机屏幕事件的处理方法，该方法的返回值为布尔类型，请问返回值 true 和 false 分别表示什么含义？

2．实操练习

（1）完成图 2-11 和图 2-12 中的任务。

① 图片随着鼠标移动位置，并显示出当前位置的坐标信息。

② 当用户单击“退出”按钮时，给出提示信息：“再按一次退出程序”。

图 2-11　触屏事件练习图

图 2-12　键盘事件练习图

3．扩展阅读

（1）监听软键盘按键有以下三种方式。

① 重写 Activity 的 dispatchKeyEvent(KeyEvent event)方法，在其中监听 KeyEvent Key.KEYCODE_ENTER 键（右下角的确定键），当此键按下的时候，隐藏输入法软键盘，设置 EditText 内容并加载 webview 内容。

② 可以使用 OnKeyListener 的方法来监听软键盘的按键。

③ 可以调用 EditText 控件的 setOnEditorActionListener 方法来对软件键盘按键进行监听，如 edittext.setOnEditorActionListener。

```
EditText et = (EditText)findViewById(R.id.et);
et.setOnEditorActionListener(new OnEditorActionListener() {
    @Override
    public boolean onEditorAction(TextView v, int actionId, KeyEvent event) {
        // TODO Auto-generated method stub
        return false;
    }
});
```

任务 T2-4　菜单与消息通知

- 掌握菜单的使用方法；
- 掌握对话框的使用方法；
- 掌握 Notification 的使用方法；
- 熟悉菜单、对话框及消息的应用场景。

本子任务主要包括以下两部分内容。

（1）在学生空间 App 的主界面中新增菜单功能，包括个人信息维护、设置、问卷调查、关于、帮助等子菜单项，选择菜单子项，提示所选择的相应内容，如图 2-13 所示。

（2）重构学生空间 App 的登录界面，当单击“退出”按钮时弹出提示对话框，确认是否退出 App，如图 2-14 所示。

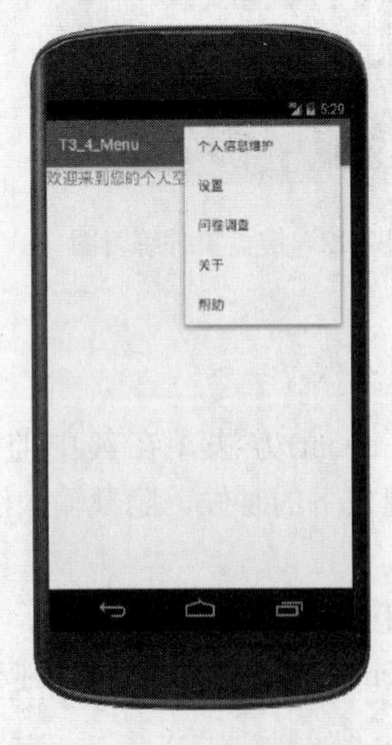

图 2-13　菜单功能界面图

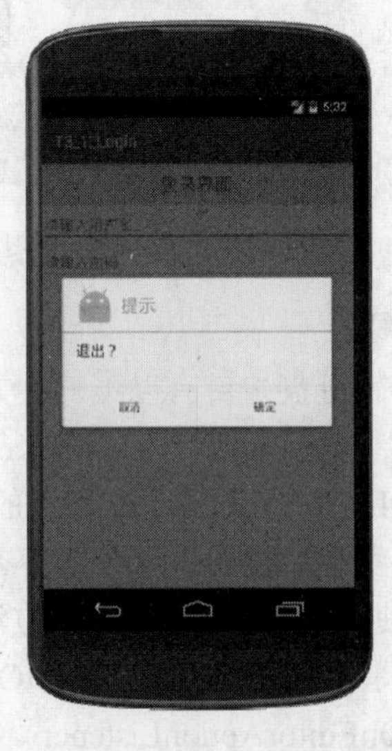

图 2-14　对话框功能界面图

2.4.1 菜单

菜单是许多应用程序不可或缺的一部分，在 Android 系统中更是如此。常用菜单分为两类，一类是选项菜单，即最常规的菜单，Android 中把它叫做 option menu；另一类是上下文菜单，即 Android 中长按视图控件后出现的菜单，Windows 中右击弹出的快捷菜单即为上下文菜单。

1．选项菜单

选项菜单在 2.3 版本及以下是按 menu 按键时弹出，4.0 版本的 Android 取消了菜单物理按键，SDK14 以上版本不会显示虚拟菜单键，Google 提倡使用 ActionBar，Android 4.0 版本没有底部菜单的功能。

android.view.Menu 接口代表一个菜单，Android 用它来管理各种菜单项。一般不自己创建 menu，因为每个 Activity 都默认自带了一个，而我们要做的是为它加菜单项和响应菜单项的单击事件。android.view.MenuItem 代表每个菜单项，android.view.SubMenu 代表子菜单。三者的关系如图 2-15 所示。

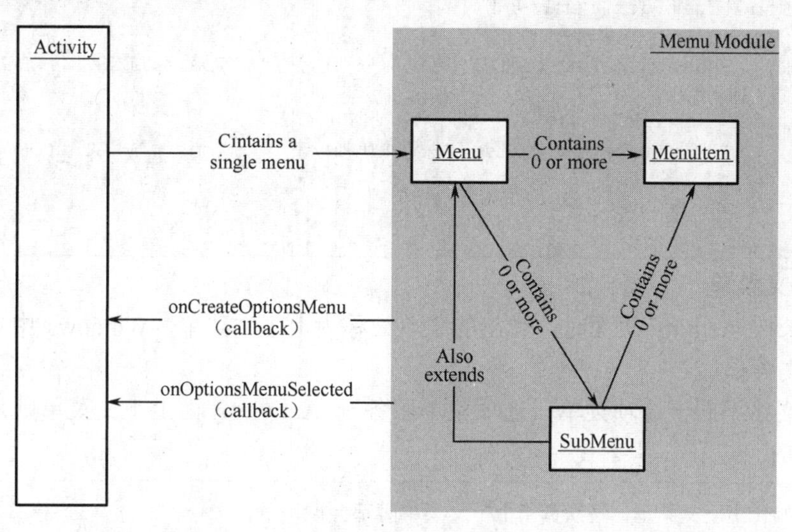

图 2-15　菜单关系图

Activity 包含一个菜单，一个菜单又能包含多个菜单项和多个子菜单，子菜单其实也是菜单（因为它实现了 Menu 接口），因此子菜单也可以包含多个菜单项。SubMenu 继承了 Menu 的 addSubMenu() 方法，但调用时会抛出运行时错误。onCreateOptionsMenu() 和 onOptionsMenuSelected()是 Activity 提供的两个回调方法，用于创建菜单项和响应菜单项的单击事件。

具体使用方法如下。

（1）创建布局文件。

（2）在该布局上加载菜单。

```
public boolean onCreateOptionsMenu(Menu menu) {
        /*
         * add()方法的四个参数依次如下：
         * 组别，如果不分组的话就写Menu.NONE;
         * ID，Android根据这个ID来确定不同的菜单；
         * 顺序，哪个菜单现在在前面由这个参数的大小决定；
         * 文本，菜单的显示文本
         */
        menu.add(Menu.NONE, Menu.FIRST + 1, 5, "删除").setIcon(
        android.R.drawable.ic_menu_delete);
        // setIcon()方法为菜单设置图标，这里使用的是系统自带的图标
        // android.R开头的资源是系统提供的，用户自己提供的资源是以R开头的
        menu.add(Menu.NONE, Menu.FIRST + 2, 2, "保存").setIcon(
        android.R.drawable.ic_menu_edit);
        ......
        return true;
  }
```

（3）为菜单项注册事件。

使用 onOptionsItemSelected（MenuItem item）方法为菜单项注册事件。

```
public boolean onOptionsItemSelected(MenuItem item) {
    switch (item.getItemId()) {
        case Menu.FIRST + 1:
            Toast.makeText(this, "删除菜单被单击了", Toast.LENGTH_LONG).show();
            break;
        case Menu.FIRST + 2:
            Toast.makeText(this, "保存菜单被单击了", Toast.LENGTH_LONG).show();
            break;
       return false;
  }
```

2．上下文菜单

当用户长按 Activity 页面时，弹出的菜单被称为上下文菜单，Windows 中右键弹出的菜单就是上下文菜单。

上下文菜单不同于选项菜单，选项菜单服务于 Activity，而上下文菜单则是注册到某个View 对象上的。

```
/** 初始化上下文菜单，每次调出上下文菜单时都会被调用一次**/
public void onCreateContextMenu(ContextMenu menu, View v,
        ContextMenuInfo menuInfo) {
    menu.setHeaderIcon(R.drawable.header);
    switch (v.getId()) {
    case R.id.editText01:
        menu.add(0, MENU1, 0, "菜单项1");
        menu.add(0, MENU2, 0, "菜单项2");
        menu.add(0, MENU3, 0, "菜单项3");
        break;
    case R.id.editText02:
        menu.add(0, MENU4, 0, "菜单项4");
        menu.add(0, MENU5, 0, "菜单项5");
        break;
```

```
        }
    }
```

当用户选择了上下文菜单选项后调用以下事件：

```
@Override
public boolean onContextItemSelected(MenuItem item) {
    switch (item.getItemId()) {
        case MENU1:
        case MENU2:
        case MENU3:
            editText01.append("\n"+item.getTitle()+"被按下");
            break;
        case MENU4:
        case MENU5:
            editText02.append("\n"+item.getTitle()+"被按下");
            break;
}
    return true;
}
```

完成以上两个方法的重写后，在 onCreate 方法中为相应的 View 对象注册上下文菜单，具体写法如下：

```
this.registerForContextMenu(editText01);
this.registerForContextMenu(editText02);
```

上下文菜单的使用要领如下。

（1）覆盖 Activity 的 onCreateContextMenu()方法，调用 Menu 的 add 方法添加菜单项 MenuItem。

（2）覆盖 onContextItemSelected()方法，响应菜单单击事件。

（3）调用 registerForContextMenu()方法，为视图注册上下文菜单。

OptionsMenu 经常使用的方法如下。

（1）public boolean onCreateOptionsMenu(Menu menu)：使用此方法调用 OptionsMenu。

（2）public boolean onOptionsItemSelected(MenuItem item)：选中菜单项后发生的动作。

（3）public void onOptionsMenuClosed(Menu menu)：菜单关闭后发生的动作。

（4）public boolean onPrepareOptionsMenu(Menu menu)：选项菜单显示之前 onPrepareOptionsMenu 方法会被调用，可以用此方法来根据当时的情况调整菜单。

（5）public boolean onMenuOpened(int featureId，Menu menu)：菜单打开后发生的动作。

2.4.2 对话框

Android 中主要的对话框类如下所示。

AlertDialog：一个可以拥有 0、1、2 或 3 个按钮的对话框，它里面的内容可以是文本、CheckBox 或 Radio 的 ListView，它是一个经常被用到的 Dialog。

ProgressDialog：一个窗体内部是 Progress bar 的 Dialog，它继承了 AlertDialog，所以它拥有的按钮和 AlertDialog 一样。

DatePickerDialog：一个提供选择日期功能的 Dialog。

TimePickerDialog：一个提供选择时间功能的 Dialog。

一个对话框通常是在当前 Activity 之前显示的一个小的窗口。下面的 Activity 失去了焦点，上面的对话框接收用户的交互信息。对话框通常用来作为提示以及直接与程序运行过程相关的短暂停留界面。

一个 AlertDialog 对话框继承自 Dialog 类，可以使用如下特性来装点对话框：

（1）一个标题。

（2）一条信息。

（3）1、2 或 3 个按钮。

（4）一组可供选择的项（复选框或者单选按钮）。

为了创建一个 AlertDialog，可以使用 AlertDialog.Builder 子类。

AlertDialog.Builder（Context）得到一个对话框构造器，然后使用该类的一些方法来定义 AlertDialog 对话框的所有属性。常用方法如表 2-6 所示。

表 2-6　AlertDialog.Builder 类的常用方法

序　号	方 法 名 称	使 用 说 明
1	setTitle	为对话框设置标题
2	setIcon	为对话框设置图标
3	setMessage	为对话框设置内容
4	setView	为对话框设置自定义样式
5	setItems	设置对话框要显示的一个 list，一般用于显示几个命令时
6	setMultiChoiceItems	用来设置对话框中显示的一系列的复选框
7	setNeutralButton	普通按钮
8	setPositiveButton	为对话框添加“Yes”按钮
9	setNegativeButton	为对话框添加“No”按钮
10	create	创建对话框
11	show	显示对话框

创建对话框的步骤如下。

（1）创建一个 Builder 对象。

（2）设置要创建的 Dialog 的参数，如几个按钮、显示什么内容等。

（3）为按钮设置回调函数（因为 Android 中的 dialog 都是异步的，所以需要回调函数）。

（4）根据上面几步的设置，使 Builder 生成 dialog 对象。

（5）使用 show()方法将 dialog 显示出来。

2.4.3 消息通知

Notification 是一种使用户的应用程序在没有开启的情况下或在后台运行时警示用户、给用户消息提示的方式。Notification 一般用在电话、短信、邮件、闹钟铃声这些场景中，当满足一定条件时，就会在手机的状态栏上出现一个小图标，提示用户处理这个通知，此时手从上方滑动状态栏就可以展开并处理这个通知了。

这里需要注意状态条和状态栏的区别。

（1）状态条就是手机屏幕最上方的一个条形状的区域，如图 2-16 所示。

图 2-16　状态条

在状态条中有很多信息：如 USB 连接图标、手机信号图标、电池电量图标、时间图标、蓝牙图标等。

（2）状态栏就是手从状态条滑下来的可以伸缩的 view。

状态栏中一般有两类（使用 FLAG_标记）程序：正在进行的程序；通知事件。

Notification 使用步骤如下。

（1）通过 getSystemService()方法得到 NotificationManager 对象。

（2）对 Notification 的一些属性进行设置，如内容、图标、标题、相应 Notification 的动作处理等。

（3）通过 NotificationManager 对象的 notify()方法来执行一个 Notification 的消息。

完成以下任务：完成多个 Notification 的创建，并通过本任务掌握 Notification 的应用场景及使用方法。实现效果如图 2-17 所示。

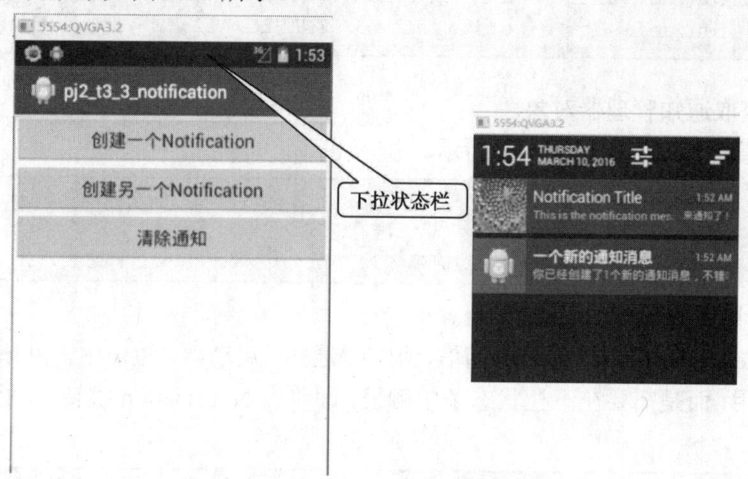

图 2-17　Notification 示例效果图

具体实现步骤如下。

步骤 1　创建 Notification 并对属性进行设置。

Notification 的示例如图 2-18 所示。

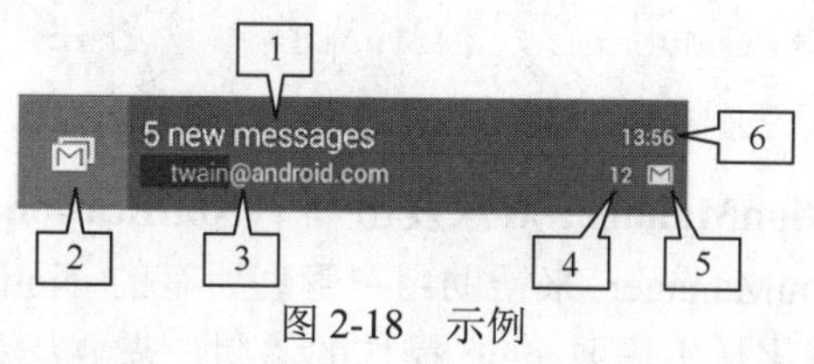

图 2-18　示例

其中，1 表示内容标题，2 表示大图标，3 表示内容，4 表示内容附加信息，5 表示小图标，6 表示时间。

当然，一个 Notification 不必对上面所有的选项都进行设置，但以下 3 项是必须设置的。

（1）小图标，通过 setSmallIcon()进行设置。

（2）内容标题，通过 setContentTitle()进行设置。

（3）内容，通过 setContentText()进行设置。

Notification 的常用设置代码如下所示。

```
    Notification notification=new Notification();
    notification.icon = R.drawable.ic_launcher;// 设置通知的图标
    notification.tickerText = "显示通知文字来消息了"; // 显示在状态栏中的文字
    notification.when = when; // 设置来通知时的时间
    notification.flags = Notification.FLAG_NO_CLEAR; /* 单击“清除”按钮时会清除
消息通知，但是单击通知栏中的通知时不会消失 */
    notification.flags = Notification.FLAG_ONGOING_EVENT;
    // 单击“清除”按钮不会清除消息通知，可以用来表示正在运行
    notification.flags |= Notification.FLAG_AUTO_CANCEL;
    // 单击“清除”按钮或单击通知后会自动消失
    notification.flags |= Notification.FLAG_INSISTENT;
    // 一直进行，如音乐一直播放
    notification.defaults = Notification.DEFAULT_SOUND; // 调用系统自带声音
    notification.defaults = Notification.DEFAULT_VIBRATE;// 设置默认振动
    notification.defaults = Notification.DEFAULT_ALL; // 设置铃声振动
    notification.defaults = Notification.DEFAULT_ALL; // 把所有的属性都设置成默认
```

步骤 2　获取通知管理器对象。

获取通知管理器对象的代码如下所示。

```
    NotificationManager    mNotificationManager    =    (NotificationManager)
getSystemService(
    Context.NOTIFICATION_SERVICE);
```

步骤 3　创建 Intent 与 PendIntent。

PendingIntent 主要用在远程服务通信、闹铃、通知、启动器、短信中，和 Intent 不同的是，它不是马上调用，而是需要在下拉状态条中触发，即单击 Notification 跳转启动到某个 Activity 中。

```
//构建一个 Intent
Intent resultIntent = new Intent(MainActivity.this,ResultActivity.class);
//封装一个 Intent
PendingIntent resultPendingIntent = PendingIntent.getActivity(
                                MainActivity.this, 0, resultIntent,
                               PendingIntent.FLAG_UPDATE_CURRENT);
// 设置通知主题的意图
notification.setLatestEventInfo(MainActivity.this, "title", "content",
 resultPendingIntent);
```

步骤 4　通过 NotificationManager 对象发出一个 Notification 的消息。

需要有一个 NotificationManager 来帮助用户管理所有的 Notification 的生命周期。一个 NotificationManager 的实例化是不需要 new 操作的，用户需要从系统的服务中取出它，部分代码如下：

```
//获取通知管理器对象
NotificationManager mNotificationManager = (NotificationManager)
                        getSystemService(Context.NOTIFICATION_SERVICE);
mNotificationManager.notify(0, notification);
```

（1）新建工程 T2_4_Menu，子任务具体实现过程如下。

步骤 1　创建布局文件。

创建简单的主界面布局，显示欢迎文字，如图 2-19 所示。具体实现这里不再详述。

步骤 2　加载菜单。

在 MainActivity 中，重写 onCreateOptionsMenu 方法：

```
@Override
public boolean onCreateOptionsMenu(Menu menu) {
    getMenuInflater().inflate(R.menu.main, menu);
    return true;
}
```

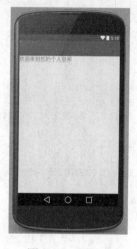

图 2-19　主界面

在 menu 资源中增加菜单子项的信息：

```
<?xml version="1.0" encoding="utf-8"?>
<menu xmlns:android="http://schemas.android.com/apk/res/android"
    xmlns:app="http://schemas.android.com/apk/res-auto">
    <item
        android:id="@+id/item_info_maintain"
        android:orderInCategory="1"
        android:title="个人信息维护"
        app:showAsAction="never" />
    <item
        android:id="@+id/item_setting"
```

```
        android:orderInCategory="1"
        android:title="设置"
        app:showAsAction="never" />
    <item
        android:id="@+id/item_questionnaire"
        android:orderInCategory="1"
        android:title="问卷调查"
        app:showAsAction="never" />
    <item
        android:id="@+id/item_about"
        android:orderInCategory="1"
        android:title="关于"
        app:showAsAction="never" />
    <item
        android:id="@+id/item_help"
        android:orderInCategory="1"
        android:title="帮助"
        app:showAsAction="never" />
</menu>
```

步骤 3　为菜单项注册事件。

重写 onOptionsItemSelected 方法，具体如下：

```
@Override
public boolean onOptionsItemSelected(MenuItem item) {
    switch (item.getItemId()) {
        case R.id.item_info_maintain:
            Toast.makeText(MainActivity.this, "个人信息维护",
                        Toast.LENGTH_SHORT).show();
            break;
        case R.id.item_setting:
            Toast.makeText(MainActivity.this, "设置",
                        Toast.LENGTH_SHORT).show();
            break;
        case R.id.item_questionnaire:
            Toast.makeText(MainActivity.this, "问卷调查",
                        Toast.LENGTH_SHORT).show();
            break;
        case R.id.item_about:
            Toast.makeText(MainActivity.this, "关于",
                        Toast.LENGTH_SHORT).show();
            break;
    }
    return true;
}
```

（2）导入工程 T2_1_Login，重命名为 T2_5_Dialog，重构登录界面，增加对“退出”按钮的监听处理，单击“退出”按钮时，弹出对话框，确认是否退出。子任务具体实现过程如下。

步骤 1　重构布局文件。

在 Login 布局文件中增加“退出”按钮，如图 2-20 所示。

具体修改如下：

```
<LinearLayout
        android:layout_width="match_parent"
        android:layout_height="wrap_content"
        android:gravity="center"
        android:orientation="horizontal">
        <Button
            android:id="@+id/btn_login"
            android:layout_width="wrap_content"
            android:layout_height="wrap_content"
            android:layout_gravity="center"
            android:text="登录"
            android:textSize="20sp" />
        <Button
            android:id="@+id/btn_exit"
            android:layout_width="wrap_content"
            android:layout_height="wrap_content"
            android:layout_gravity="center"
            android:text="退出"
            android:textSize="20sp" />
</LinearLayout>
```

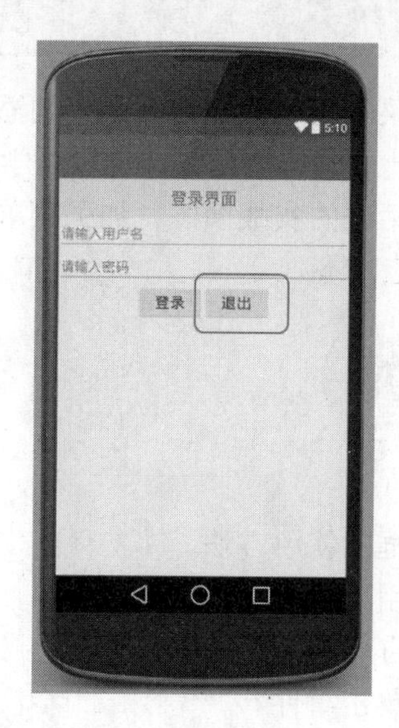

图 2-20　登录界面中增加“退出”按钮

步骤 2　增加“退出”按钮监听处理。

单击“退出”按钮，弹出如图 2-21 所示的对话框。

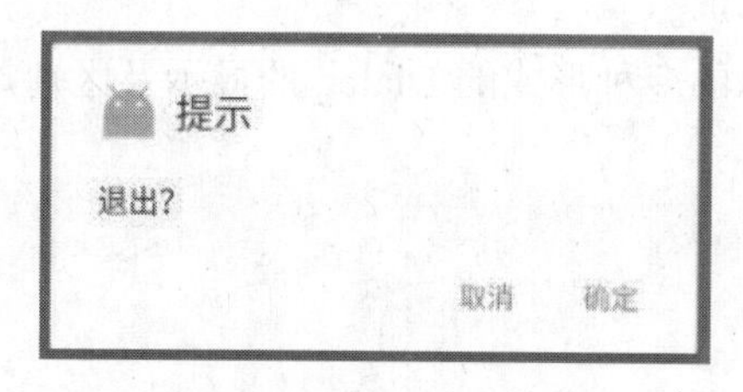

图 2-21　退出对话框时的提示

代码处理逻辑如下：

```
btn_exit.setOnClickListener(new View.OnClickListener() {
@Override
public void onClick(View v) {
   AlertDialog.Builder quitDia = new AlertDialog.Builder
    (MainActivity.this);
   quitDia.setIcon(R.mipmap.ic_launcher);
   quitDia.setTitle("提示");
   quitDia.setMessage("退出？");
   quitDia.setPositiveButton("确定", new DialogInterface.OnClickListener(){
       @Override
       public void onClick(DialogInterface dialog, int which) {
           finish();
       }
   });
   quitDia.setNegativeButton("取消", new DialogInterface.OnClickListener() {
   @Override
   public void onClick(DialogInterface dialog, int which) {
       }
   });
   quitDia.create().show();
   }
});
```

在本子任务中，首先介绍了菜单的相关知识、菜单的添加方式及应用场景，然后介绍了对话框的相关知识、对话框的创建及其应用场景。通过对学生空间 App 中主界面菜单功能的添加及登录界面退出功能提示对话框的实战演练，加强菜单的使用及对话框使用的练习，这部分是本子任务的重点，需要重点掌握。

1. 思考题

（1）请分别总结菜单、对话框的使用方法。

（2）分析菜单、对话框的应用场景。

（3）请问 Android 应用程序的菜单有哪几种？

（4）如何为菜单的选项添加单击事件？

（5）Android 原生支持哪几种 Dialog？举例说明它们的实际应用场景。

2. 实操练习

（1）添加如图 2-22 所示的选项菜单，完成模拟文件操作的基本功能。在文本框中长按出现如图 2-23 所示的上下文菜单。

（2）了解如图 2-24 所示的多种形式的 Dialog 的显示及区别，并实现普通 Dialog 编码。

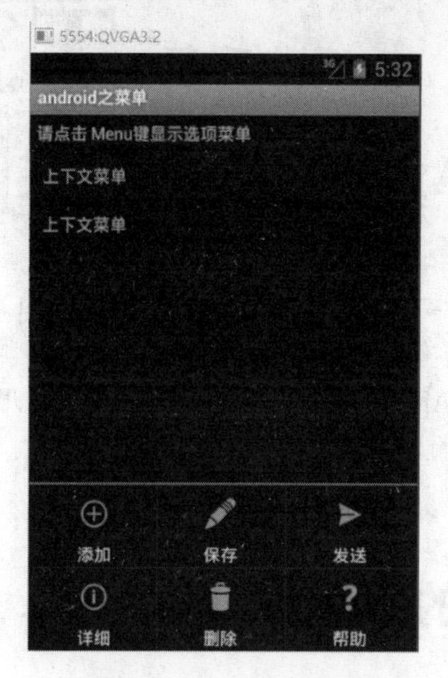

图 2-22　选项菜单练习图

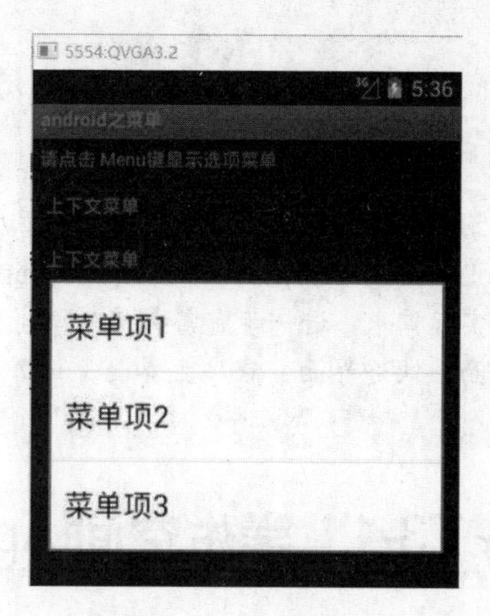

图 2-23　上下文菜单练习图

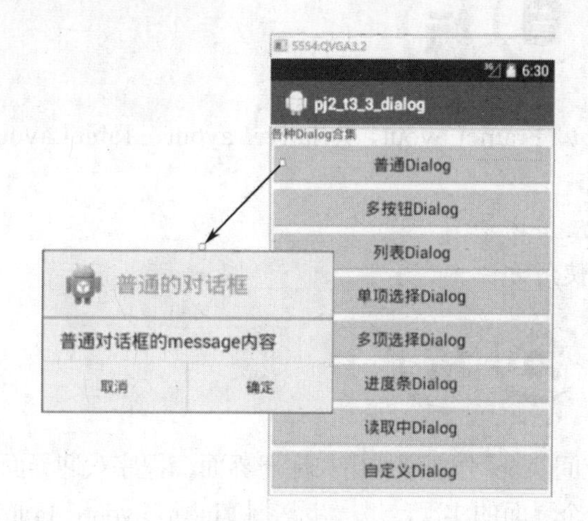

图 2-24　对话框使用练习

任务 T3

学生空间 App 的界面优化

本任务将讲解 Android 应用程序中常用的 LinearLayout、FrameLayout、RelativeLayout、TableLayout、GridLayout 五大布局方式及常用资源，并结合学生空间 App 的实际需求，进一步完善并优化学生空间 App 的各个界面，分别实现该应用程序的注册界面、欢迎界面、程序主界面、计算器界面、个人信息维护界面等的开发。

任务 T3-1 学生空间 App 的界面设计

- 掌握 LinearLayout、FrameLayout、RelativeLayout、TableLayout、GridLayout 五大布局的具体使用方法；
- 熟悉五大布局的应用场景；
- 掌握嵌套布局的使用方法。

本子任务是为学生空间 App 分别添加用户注册界面、程序欢迎界面及主界面、学生工具箱中的计算器界面。通过这几个界面的实现，进一步掌握 LinearLayout、FrameLayout、RelativeLayout、GridLayout 这几种常用布局的使用方法。各界面实现效果如图 3-1 和图 3-2 所示。

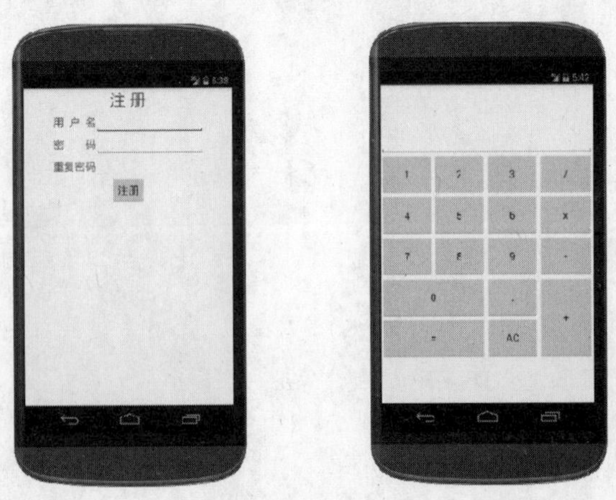

图 3-1 用户注册界面及计算器界面

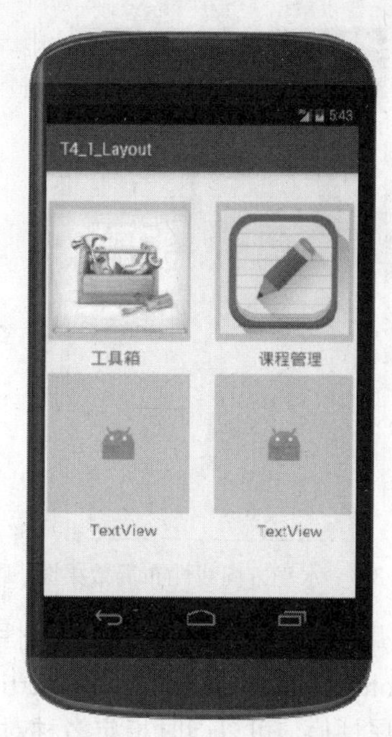

图 3-2　程序欢迎界面及主界面

在 Android 开发中 UI 设计十分重要，当用户使用一个 App 时，最先感受到的不是这款软件的功能是否强大，而是界面设计是否赏心悦目，用户体验是否良好。也可以这样说，有一个良好的界面设计去吸引用户的使用，才能让更多的用户体验到软件功能的强大。

因此，Android 中几种常用的布局显得至关重要，各个布局既可以单独使用，又可以嵌套使用，应该在实际应用中灵活变通。

3.1.1　LinearLayout 布局

LinearLayout 是一种重要的界面布局，也是开发中经常使用的一类布局。它采用线性的布局方式，以行或列的方式来添加控件，每一个子元素都位于前一个元素之后。该布局容器内的组件一个挨着一个地排列起来：不仅可以控制各组件横向排列，还可控制各组件纵向排列。如果是垂直排列的，那么将是一个 N 行单列的结构，每一行只会有一个元素；如果是水平排列的，那么将是一个单行 N 列的结构。

android:orientation 属性的作用是指定本线性布局下的子视图的排列方向，horizontal 表示水平，方向为从左向右，如图 3-3 所示；vertical 表示垂直，方向为从上向下，如图 3-4 所示。

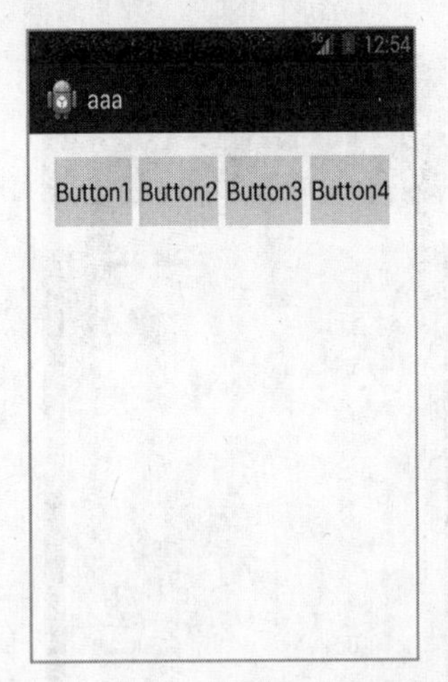

图 3-3　水平方向线性布局效果图

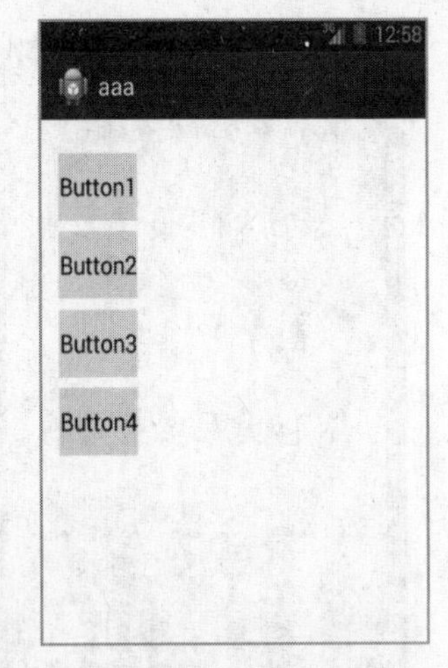

图 3-4　垂直方向线性布局效果图

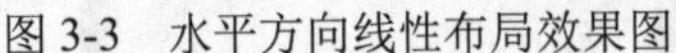

在线性布局中，有一个非常重要的属性 gravity，这个属性用来指定组件内容的对齐方式，它支持 top、bottom、left、right、center_vertical、fill_vertical、center_horizontal、fill_horizontal、center、fill 等属性值，可以同时指定多种对齐方式，如 bottom|center_horizontal 表示出现在屏幕底部，并且水平居中，如图 3-5 所示，实现代码如下所示。

```
    <LinearLayout    xmlns:android=http://schemas.android.com/apk/res/android
xmlns:tools="http://schemas.android.com/tools"
    android:layout_width="match_parent"
    android:layout_height="match_parent"
    android:orientation="vertical"
    android:gravity="bottom|center_horizontal">
    </LinearLayout>
```

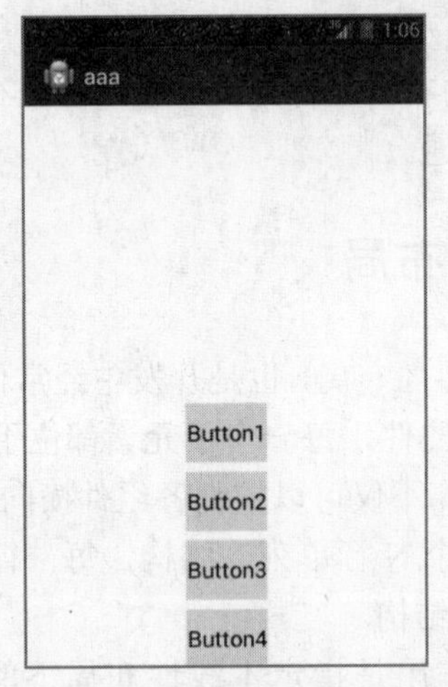

图 3-5　同时指定多种对齐方式的效果图

提 示

如何实现两行两列的结构？

常用的方式是先垂直排列两个元素，再向每一个元素里嵌套一个水平的 LinearLayout。

3.1.2 FrameLayout 布局

FrameLayout 是五大布局中最简单的一个，在这个布局中，整个界面被当作一块空白备用区域，且所有子元素的位置都不能够被指定，它们统统放于这块区域的左上角，并且后面的子元素直接覆盖在前面的子元素之上，将前面的子元素部分或者全部遮挡起来。

因此，帧布局的大小由子控件中最大的子控件决定，如果组件都一样大，同一时刻只能看到最上面的组件。当然，也可以为组件添加 layout_gravity 属性，从而制定组件的对齐方式，并借助层级视图工具（Hierarchy Viewer Tool，HVT）查看所有的布局。帧布局在游戏开发方面使用得比较多。

FrameLayout 的主要属性如下。

（1）android:foreground：设置帧布局容器的前景图像。

（2）android:foregroundGravity：设置前景图像显示的位置。

提 示

什么是前景图像?

前景图像是指永远处于帧布局最上面、直接面对用户的图像，即不会被覆盖的图片。

完成以下任务：使用 FrameLayout 布局方式，在界面中显示一张背景图片，并在该图片的左上角显示一段文字——“我是一年级学生”，文字覆盖于图片之上。

具体实现步骤如下。

步骤 1　新建布局文件。

新建“res/layout/framelayout_main.xml”文件，并根据要求，添加 FrameLayout 布局管理器，具体代码如下。

```
<FrameLayout xmlns:android="http://schemas.android.com/apk/res/android"
   android:layout_width="wrap_content"
   android:layout_height="wrap_content" >
</FrameLayout>
```

步骤 2　添加底层图片。

首先将所需图片资源放置于相应的文件夹下，然后在步骤 1 的 FrameLayout 中添加该图片，具体代码如下。

```
<FrameLayout xmlns:android="http://schemas.android.com/apk/res/android"
   android:layout_width="wrap_content"
   android:layout_height="wrap_content" >
   <ImageView
      android:id="@+id/imageView1"
      android:layout_width="wrap_content"
      android:layout_height="wrap_content"
      android:scaleType="fitXY"
      android:src="@drawable/bg" />
</FrameLayout>
```

步骤 3　在图片上添加文字。

继续在步骤 1 的 FrameLayout 中添加 TextView 控件，显示一段文字，并使其位于图片的左上角，具体代码如下。

```
<FrameLayout xmlns:android="http://schemas.android.com/apk/res/android"
    android:layout_width="wrap_content"
    android:layout_height="wrap_content" >
    <ImageView
        android:id="@+id/imageView1"
        android:layout_width="wrap_content"
        android:layout_height="wrap_content"
        android:scaleType="fitXY"
        android:src="@drawable/bg" />
    <TextView
        android:id="@+id/textView1"
        android:layout_width="wrap_content"
        android:layout_height="wrap_content"
        android:text="我是一年级学生"
        android:textSize="40px"
        />
</FrameLayout>
```

3.1.3 RelativeLayout 布局

RelativeLayout 是相对布局，它是一种非常灵活的布局方式。控件的位置是按照相对位置来计算的，能够通过指定界面元素与其他元素的相对位置关系，确定界面中所有元素的布局位置。它能够最大程度地保证在各种屏幕类型的手机上正确显示界面布局。

在 RelativeLayout 布局中，每个布局的属性值不仅可以是一个确定的、相对于父容器 RelativeLayout 布局位置的 boolean 类型，还可以是某个子视图的 ID，即此视图相对于其他视图的位置。其常用属性说明如下。

第一类：属性值为 true 或 false，如表 3-1 所示。

表 3-1　常用属性（一）

属　性	描　述	值
android:layout_centerInParent	在父视图的正中心	true/false
android:layout_centerHorizontal	在父视图的水平中心线	true/false
android:layout_centerVertical	在父视图的垂直中心线	true/false
android:layout_alignParentTop	紧贴父视图顶部	true/false
android:layout_alignParentBottom	紧贴父视图底部	true/false
android:layout_alignParentLeft	紧贴父视图左部	true/false
android:layout_alignParentRight	紧贴父视图右部	true/false

第二类：属性值必须为 ID 的引用名“@id/id-name”，如表 3-2 所示。

表 3-2　常用属性（二）

属　性	描　述	值
android:layout_alignTop	与指定视图顶部对齐	视图 ID，如“@id/***”

续表

属　性	描　述	值
android:layout_alignBottom	与指定视图底部对齐	视图 ID，如“@id/***”
android:layout_alignLeft	与指定视图左部对齐	视图 ID，如“@id/***”
android:layout_alignRight	与指定视图右部对齐	视图 ID，如“@id/***”
android:layout_above	在指定视图上方	视图 ID，如“@id/***”
android:layout_below	在指定视图下方	视图 ID，如“@id/***”
android:layout_toLeftOf	在指定视图左方	视图 ID，如“@id/***”
android:layout_toRightOf	在指定视图右方	视图 ID，如“@id/***”

第三类：属性值为具体的像素值，如 30dp 或 40px，如表 3-3 所示。

表 3-3　常用属性（三）

属　性	描　述	值
android:layout_marginBottom	离某元素底边缘的距离	具体像素值，如 30dp
android:layout_marginLeft	离某元素左边缘的距离	具体像素值，如 30dp
android:layout_marginRight	离某元素右边缘的距离	具体像素值，如 30dp
android:layout_marginTop	离某元素上边缘的距离	具体像素值，如 30dp

提示

如何使用好 RelativeLayout?

要想使用好 RelativeLayout，必须找好适当的相对参照目标。

完成以下任务：请使用 RelativeLayout 布局方式实现如图 3-6 所示界面。

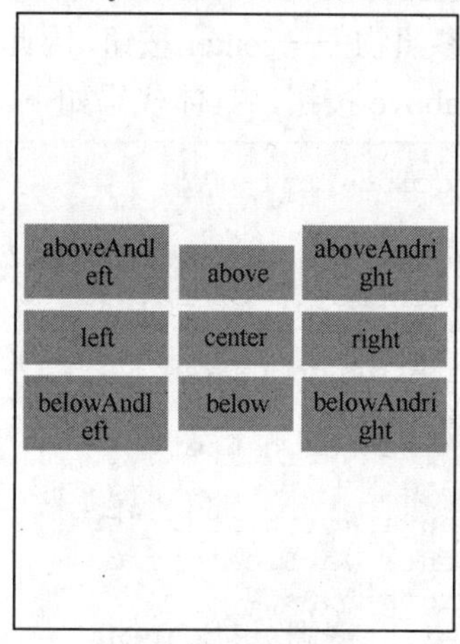

图 3-6　要实现的界面

具体实现步骤如下。

步骤 1　新建布局文件。

新建“res/layout/relativelayout_main.xml”文件，并根据要求，添加 RelativeLayout 布局管理器，具体代码如下。

```
<?xml version="1.0" encoding="utf-8"?>
<RelativeLayout
xmlns:android="http://schemas.android.com/apk/res/android"
    xmlns:tools="http://schemas.android.com/tools"
    android:layout_width="match_parent"
android:layout_height="match_parent" >
</RelativeLayout>
```

步骤 2　添加位于屏幕正中间的 center 按钮。

根据目标界面的需求，可以先添加位于屏幕正中间的 center 按钮。因为它位于屏幕正中间，比较容易确定其位置，所以可以先添加该按钮作为其他控件的参照物，具体代码如下。

```
<?xml version="1.0" encoding="utf-8"?>
<RelativeLayout
xmlns:android="http://schemas.android.com/apk/res/android"
    xmlns:tools="http://schemas.android.com/tools"
    android:layout_width="match_parent"
    android:layout_height="match_parent" >
    <Button
        android:id="@+id/mButton_center"
        android:text="center"
        android:layout_centerHorizontal="true"
        android:layout_centerVertical="true"
        android:layout_width="90dp"
        android:layout_height="wrap_content"    >
    </Button>
</RelativeLayout>
```

在上述代码中，可以通过 android:layout_centerHorizontal="true" 以及 android:layout_centerVertical="true"两个属性，使该按钮位于屏幕的正中间。

步骤 3　添加位于 center 按钮上方的 above 按钮。

因在步骤 2 中已经确定位置参照物——center 按钮，因此可以根据 above 按钮和其位置关系，添加位于 center 按钮上方的 above 按钮，具体代码如下。

```
<?xml version="1.0" encoding="utf-8"?>
<RelativeLayout
xmlns:android="http://schemas.android.com/apk/res/android"
    xmlns:tools="http://schemas.android.com/tools"
    android:layout_width="match_parent"
    android:layout_height="match_parent" >
    <Button
        android:id="@+id/mButton_center"
        android:text="center"
        android:layout_centerHorizontal="true"
        android:layout_centerVertical="true"
        android:layout_width="90dp"
        android:layout_height="wrap_content">
    </Button>
    <Button
        android:id="@+id/mButton_above"
        android:layout_width="90dp"
        android:layout_height="wrap_content"
        android:layout_above="@id/mButton_center"
        android:layout_centerHorizontal="true"
        android:text="above" >
```

```
    </Button>
</RelativeLayout>
```

步骤 4　依次添加界面中的其余按钮。

根据按钮与界面中其他按钮的位置关系，依次添加界面中的剩余按钮，方法和步骤 3 一致，此处不再一一描述。

本子任务最终的布局代码如下。

```
<?xml version="1.0" encoding="utf-8"?>
<RelativeLayout
xmlns:android="http://schemas.android.com/apk/res/android"
    xmlns:tools="http://schemas.android.com/tools"
    android:layout_width="match_parent"
    android:layout_height="match_parent" >
    <Button
        android:id="@+id/mButton_center"
        android:layout_width="90dp"
        android:layout_height="wrap_content"
        android:layout_centerHorizontal="true"
        android:layout_centerVertical="true"
        android:text="center" >
    </Button>
    <Button
        android:id="@+id/mButton_above"
        android:layout_width="90dp"
        android:layout_height="wrap_content"
        android:layout_above="@id/mButton_center"
        android:layout_centerHorizontal="true"
        android:text="above" >
    </Button>
    <Button
        android:id="@+id/mButton_below"
        android:layout_width="90dp"
        android:layout_height="wrap_content"
        android:layout_below="@id/mButton_center"
        android:layout_centerHorizontal="true"
        android:text="below" >
    </Button>
    <Button
        android:id="@+id/mButton_left"
        android:layout_width="120dp"
        android:layout_height="wrap_content"
        android:layout_centerVertical="true"
        android:layout_toLeftOf="@id/mButton_center"
        android:text="left" >
    </Button>
    <Button
        android:id="@+id/mButton_right"
        android:layout_width="120dp"
        android:layout_height="wrap_content"
        android:layout_centerVertical="true"
        android:layout_toRightOf="@id/mButton_center"
        android:text="right" >
    </Button>
    <Button
        android:id="@+id/mButton_aboveAndleft"
        android:layout_width="120dp"
```

```
        android:layout_height="wrap_content"
        android:layout_above="@id/mButton_center"
        android:layout_toLeftOf="@id/mButton_above"
        android:text="aboveAndleft" >
    </Button>
    <Button
        android:id="@+id/mButton_aboveAndright"
        android:layout_width="120dp"
        android:layout_height="wrap_content"
        android:layout_above="@id/mButton_center"
        android:layout_toRightOf="@id/mButton_above"
        android:text="aboveAndright" >
    </Button>
    <Button
        android:id="@+id/mButton_belowAndleft"
        android:layout_width="120dp"
        android:layout_height="wrap_content"
        android:layout_below="@id/mButton_center"
        android:layout_toLeftOf="@id/mButton_below"
        android:text="belowAndleft" >
    </Button>
    <Button
        android:id="@+id/mButton_belowAndright"
        android:layout_width="120dp"
        android:layout_height="wrap_content"
        android:layout_below="@id/mButton_center"
        android:layout_toRightOf="@id/mButton_below"
        android:text="belowAndright" >
    </Button>

</RelativeLayout>
```

3.1.4 TableLayout 布局

TableLayout 采用行、列的形式来管理子组件。不需要明确声明包含多少行、多少列，表格布局不为它的行、列和单元格显示表格线。每个行可以包含 0 个以上（包括 0）的单元格；每个单元格可以设置一个 View 对象。

列的宽度由该列所有行中最宽的一个单元格决定。表格布局的子对象不能指定 layout_width 属性，宽度永远是 MATCH_PARENT。但子对象可以定义 layout_height 属性；其默认值是 WRAP_CONTENT。如果子对象是 TableRow，则其高度永远是 WRAP_CONTENT。

3.1.5 GridLayout 布局

Android 4.0 版本后新增了 GridLayout 布局控件。在 Android 4.0 版本之前，如果想要达到网格布局的效果，首先可以考虑使用最常见的 LinearLayout 布局，但是这样的布局会产生以下几点问题。

（1）不能同时在 X、Y 轴方向上进行控件的对齐。

（2）当多层布局嵌套时会有性能问题。

（3）不能稳定地支持一些支持自由编辑布局的工具。

其次考虑使用表格布局 TabelLayout，这种方式会把包含的元素以行和列的形式排列起来，每行为一个 TableRow 对象，也可以是一个 View 对象，而在 TableRow 中还可以继续添加其他的控件，每添加一个子控件就成为一列。但是使用这种布局可能会出现不能使控件占据多个行或列的问题，而且渲染速度也不能得到很好的保证。

Android 4.0 以上版本出现的 GridLayout 布局解决了以上问题。GridLayout 布局使用虚细线将布局划分为行、列和单元格，也支持一个控件在行、列上有交错排列。

GridLayout 与 LinearLayout 布局一样，也分为水平和垂直两种方式，默认是水平布局，一个控件挨着一个控件从左到右依次排列，但是通过指定 android:columnCount 设置列数的属性后，控件会自动换行进行排列。此外，对于 GridLayout 布局中的子控件，默认按照 wrap_content 的方式设置其显示，这只需要在 GridLayout 布局中显式声明即可。

GridLayout 的重要属性有以下几个。

（1）android:orientation 属性：指定内容显示是水平还是垂直方式，默认是水平布局。通过指定 android:columnCount 设置列数的属性后，控件会自动换行进行排列。

（2）android:layout_row 和 android:layout_column 属性：若要指定某控件显示在固定的行或列，只需设置该子控件的这两个属性即可，但是这两个属性在赋值时需要注意，行号和列号都是从 0 开始的，也就是说，android:layout_row="0"表示从第一行开始，android:layout_column="0"表示从第一列开始。

（3）android:layout_rowSpan 或者 layout_columnSpan 属性：若需要设置某控件跨越多行或多列，只需将该子控件的这两个属性设置为数值，再设置其 layout_gravity 属性为 fill 即可，前一个设置表明该控件跨越的行数或列数，后一个设置表明该控件填满跨越的整行或整列。

新建工程 T3_1_Layout，为学生空间 App 分别添加用户注册界面、程序欢迎界面及主界面、学生工具箱中的计算器界面。

（1）用户注册界面的具体实现过程如下。

步骤 1　创建布局文件。

在工程 layout 文件下，新建布局文件 activity_linear.xml。

步骤 2　根据要求选择界面主布局。

参考目标界面，可以垂直方向的 LinearLayout 布局作为主布局，代码如下所示。

```
<?xml version="1.0" encoding="utf-8"?>
<LinearLayout xmlns:android="http://schemas.android.com/apk/res/android"
    android:layout_width="match_parent"
    android:layout_height="match_parent"
    android:orientation="vertical">
</LinearLayout>
```

具体分析如下。

① 第一行：<?xml version="1.0" encoding="utf-8">，每个 XML 文档都由 XML 序言开始，在上面的代码中的第一行便是 XML 序言，即<?xml version="1.0">。这行代码表示按照 1.0 版本的 XML 规则进行解析；encoding = "utf-8"表示此 XML 文件采用 UTF-8 的编码格式。编码

格式也可以是 GB2312。

具体内容请参阅相关 XML 文档。

② 第二行：<LinearLayout …… 表示采用线性布局管理器。

③ 第三、四行：android:layout_width="match_parent"和 android:layout_height="match_parent"表示布局管理器宽度和高度将填充整个屏幕的宽度和高度。这两个属性是必写属性。

④ 第五行：android:orientation="vertical"表示布局管理器内组件采用垂直方向排列。如果想要采用水平方向排列，则使用 horizontal。

步骤 3　在主布局中添加相关控件。

根据目标界面的要求，在主布局中依次添加 TextView 控件、EditText 控件、Button 控件。值得注意的是，为了在这个垂直方向的布局中水平排列某些元素，如用户名及用户名输入框，需要在该布局中嵌套一个水平方向的线性布局。这种布局嵌套使用的方法非常实用，可以帮助用户灵活有效地进行布局。该布局文件的部分代码展示如下。

```
<LinearLayout xmlns:android="http://schemas.android.com/apk/res/android"
    android:layout_width="match_parent"
    android:layout_height="match_parent"
    android:orientation="vertical">
    <TextView
        android:id="@+id/textView2"
        android:layout_width="wrap_content"
        android:layout_height="wrap_content"
        android:layout_gravity="center"
        android:text="注册"
        android:textSize="30sp" />
    <LinearLayout
        android:layout_width="match_parent"
        android:layout_height="wrap_content"
        android:gravity="center"
        android:orientation="horizontal">
        <TextView
            android:id="@+id/tv_user"
            android:layout_width="wrap_content"
            android:layout_height="wrap_content"
            android:text="用户名"
            android:textSize="20sp" />
        <EditText
            android:id="@+id/et_user"
            android:layout_width="200dp"
            android:layout_height="wrap_content"
            android:ems="10"
            android:inputType="textPersonName" />
    </LinearLayout>
    <!--此处省略部分布局代码-->
    <Button
        android:id="@+id/btn_register"
        android:layout_width="wrap_content"
        android:layout_height="wrap_content"
        android:layout_gravity="center"
        android:text="@string/register"
        android:textSize="20sp" />
</LinearLayout>
```

（2）程序欢迎界面的具体实现过程如下。

步骤 1　创建布局文件。

在工程 layout 文件下，新建布局文件 activity_frame.xml。

步骤 2　根据要求选择界面主布局。

参考目标界面，为了实现文字和图片的叠加显示，可以选择 FrameLayout 布局作为主布局，代码如下所示。

```
<?xml version="1.0" encoding="utf-8"?>
<FrameLayout xmlns:android="http://schemas.android.com/apk/res/android"
    android:layout_width="match_parent"
    android:layout_height="match_parent"
    android:background="@mipmap/bg">
</FrameLayout>
```

步骤 3　在主布局中添加相关控件。

根据目标界面的要求，在主布局 FrameLayout 中添加 TextView 控件用来显示欢迎标语，具体代码如下。

```
<TextView
    android:id="@+id/textView"
    android:layout_width="wrap_content"
    android:layout_height="wrap_content"
    android:layout_gravity="center"
    android:text="欢迎使用学生空间"
    android:textSize="40sp" />
```

（3）程序主界面的具体实现过程如下。

步骤 1　创建布局文件。

在工程 layout 文件下，新建布局文件 activity_main.xml。

步骤 2　根据要求选择界面主布局。

参考目标界面，为了使主界面上的图片按钮及文字说明按要求进行排列，可以选择使用 RelativeLayout 布局方式，代码如下所示。

```
<?xml version="1.0" encoding="utf-8"?>
<RelativeLayout
    xmlns:android="http://schemas.android.com/apk/res/android"
    android:id="@+id/activity_main"
    android:layout_width="match_parent"
    android:layout_height="match_parent">
</RelativeLayout>
```

步骤 3　在主布局中添加相关控件。

根据目标界面的要求，在主布局 RelativeLayout 中分别添加 ImageButton 控件、TextView 控件，该布局文件的部分代码如下。

```
<ImageButton
    android:id="@+id/imageButton1"
    android:layout_width="180dp"
    android:layout_height="180dp"
```

```
    android:layout_alignParentLeft="true"
    android:layout_alignParentStart="true"
    android:layout_alignParentTop="true"
    android:layout_marginTop="30dp"
    android:src="@mipmap/toolbox" />
<ImageButton
    android:id="@+id/imageButton2"
    android:layout_width="180dp"
    android:layout_height="180dp"
    android:layout_alignParentEnd="true"
    android:layout_alignParentRight="true"
    android:layout_alignTop="@+id/imageButton1"
    android:src="@mipmap/courses" />
<TextView
    android:id="@+id/textView3"
    android:layout_width="wrap_content"
    android:layout_height="wrap_content"
    android:layout_alignParentLeft="true"
    android:layout_alignParentStart="true"
    android:layout_below="@+id/imageButton1"
    android:layout_marginLeft="56dp"
    android:layout_marginStart="56dp"
    android:text="工具箱"
    android:textSize="20sp" />
<TextView
    android:id="@+id/textView4"
    android:layout_width="wrap_content"
    android:layout_height="wrap_content"
    android:layout_alignLeft="@+id/imageButton2"
    android:layout_alignStart="@+id/imageButton2"
    android:layout_below="@+id/imageButton2"
    android:layout_marginLeft="57dp"
    android:layout_marginStart="57dp"
    android:text="课程管理"
    android:textSize="20sp" />
```

（4）计算器界面的具体实现过程如下。

步骤 1　创建布局文件。

在工程 layout 文件下，新建布局文件 activity_grid.xml。

步骤 2　根据要求选择界面主布局。

通过分析计算器界面可以看出，该界面控件的排列比较规整，有明显的行列之分，同时某些控件有跨行或者跨列现象，因此可以选择 GridLayout 布局控件作为主布局，代码如下所示。

```
<GridLayout xmlns:android="http://schemas.android.com/apk/res/android"
    android:layout_width="match_parent"
    android:layout_height="wrap_content"
    android:columnCount="4"
    android:orientation="horizontal"
    android:rowCount="6">
</GridLayout>
```

步骤 3　在主布局中添加相关控件。

根据目标界面的要求，在主布局 GridLayout 中分别添加 EditText 控件、Button 控件，该布局文件的部分代码如下。

```
<EditText
    android:id="@+id/editText1"
    android:layout_width="match_parent"
    android:layout_column="0"
    android:layout_columnSpan="4"
    android:layout_gravity="center_horizontal|top"
    android:layout_row="1"
    android:layout_height="123dp">
</EditText>
<Button
    android:text="1"
    android:layout_gravity="fill"
    android:layout_width="95dp"
    android:layout_height="73dp"
    android:id="@+id/one" />
<Button
    android:text="2"
    android:layout_gravity="fill"
    android:layout_width="95dp"
    android:layout_height="70dp"
    android:id="@+id/two" />
<!-此处省略部分代码-->
<Button
    android:text="="
    android:layout_gravity="fill"
    android:layout_width="95dp"
    android:layout_columnSpan="2"
    android:layout_height="73dp"
    android:id="@+id/equal" />
<Button
    android:text="AC"
    android:layout_gravity="fill"
    android:layout_width="95dp"
    android:layout_height="73dp"
    android:id="@+id/delete" />
```

在上述代码中，EditText 输入框、“=”按钮分别占用了 4 格和 2 格的宽度，即存在跨列的现象，可以通过 android:layout_columnSpan 属性来进行相应的设置。同理，如果需要设置跨行的值，则可以通过属性 android:layout_rowSpan 来进行设置。

本子任务主要介绍了 Android 系统中 LinearLayout、FrameLayout、RelativeLayout、TableLayout、GridLayout 这五大布局的应用场景及具体使用方法，并通过为学生空间 App 分别添加用户注册界面、程序欢迎界面及主界面、学生工具箱中的计算器界面，使读者进一步熟悉和掌握这几种常用布局的使用方法。

1. 思考题

（1）总结 LinearLayout、FrameLayout、RelativeLayout、TableLayout、GridLayout 五大布局的具体使用方法及应用场景。

（2）LinearLayout 的 android:orientation 属性的作用是什么？有哪几个取值？

（3）________是一种非常灵活的布局方式，它能够通过指定界面元素与其他元素的相对位置关系来确定其位置。

（4）在 GirdLayout 中，android:layout_columnSpan="2"的含义是________。

（5）布局文件被认为是应用的资源，它保存在工程的________文件夹下。

（6）所有子元素都放于布局的左上角，并且后面的子元素直接覆盖在前面的子元素之上，这种布局方式为________。

（7）试比较 TableLayout、GridLayout 两种布局方式的优缺点。

2．实操练习

（1）用 RelativeLayout 完成如图 3-7 所示的布局。

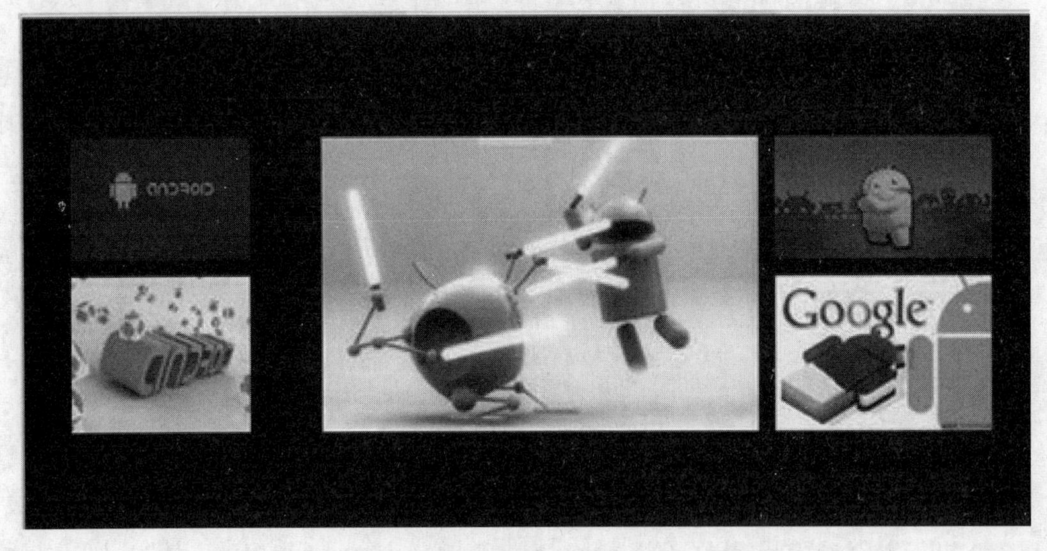

图 3-7 示例布局（一）

（2）使用 TableLayout 布局，设计如图 3-8 所示的界面。

图 3-8 示例布局（二）

（3）请结合五大布局的特性，完成如图 3-9 所示的结构。

图 3-9　示例布局（三）

任务 T3-2　常用资源深入

■ 掌握 style、string、color 等 values 资源的使用方法与应用场景；
■ 掌握 drawable 资源的使用方法；
■ 掌握动态增加 layout 资源的方法。

Android 资源主要包括文本字符串（strings）、颜色（colors）、数组（arrays）、动画（anim）、布局（layout）、图像和图标（drawable）、音频视频（media）和其他应用程序使用的组件。

res 是专门用于存放资源的目录，该目录下的资源可以进行可视化的编辑，编写好的资源通过 AAPT（Android Asset Packaging Tool）工具自动生成 gen 目录下的 R.java 资源索引文件，之后在 Java 代码和 XML 资源文件中即可利用索引来调用相应的资源。

3.2.1 Android 资源目录结构

Android 资源除了 assets 目录与 res 同级外，其他资源均被放在 res/目录下面，该目录下面的资源文件夹并不是随意命名的，需要遵循严格的规范，否则编译生成 R.java 过程中会出现类似“invalidresource directory name **”的错误提示，并且导致 R.java 自动生成失败。

常用的默认目录和对应资源类型在 SDK 帮助中已经详细列出，简单摘抄如表 3-4 所示。

表 3-4 常用的默认目录和对应资源类型

目　录	资源类型
res/animator	存放定义了 property animations（Android 3.0 新定义的动画框架）的 XML 文件
res/anim/	存放定义了补间动画或逐帧动画的 XML 文件。（该目录下也可以存放定义 property animations 的 XML 文件，但是最好还是分开存放。）
res/raw/	存放直接复制到设备中的任意文件。它们无需编译，添加到应用程序编译产生的压缩文件中即可。要使用这些资源，可以调用 Resources.openRawResource()，参数是资源的 ID，即 R.raw.somefilename
res/drawable/	存放能转换为绘制资源的位图文件（扩展名为.png、.9.png,、.jpg,、.gif 的图像文件)或者定义了绘制资源的 XML 文件
res/color/	存放定义了颜色状态列表资源的 XML 文件
res/layout/	存放定义了用户界面布局的 XML 文件
res/menu/	存放定义了应用程序菜单资源的 XML 文件
res/values/	存放定义了多种类型资源的 XML 文件 这些资源的类型可以是字符串、数据、颜色、尺寸、样式等，具体将在后面详述
res/xml/	存放任意的 XML 文件，在运行时可以通过调用 Resources.getXML()来读取

> 资源文件名不能使用大写字母。
> 每个文件夹中存放的文件类型不仅有规定，还对文件内容有严格要求。

3.2.2 样式

Style 是针对窗体元素级别的，可以改变指定控件或者 Layout 的样式，它的优点是容易理解、易于维护。常用场景有字体大小、间距统一、颜色值统一。

样式是简单类型资源，是用名称（name）属性来直接引用的，而非 XML 文件名。因此，在一个 XML 文件里，可以把样式资源和其他简单类型资源一起放到一个<resources>元素下。样式在使用过程中需要注意以下几点。

（1）样式文件的位置位于 value 文件夹下。例如：

```
res/values/filename.xml
```

其中，文件名可随意指定。元素的名称 name 将被用作资源 ID。

（2）资源引用方式如下：

XML 代码：　@[package:]style/style_name。例如：

```
<LinearLayout
    android:layout_width="wrap_content"
    android:layout_height="wrap_content"
    android:layout_gravity="center_horizontal"
    android:orientation="horizontal">
    <TextView
        style="@style/textStyle"
        android:text="@string/name"/>
    <EditText
        style="@style/editTextStyle"
        android:hint="@string/note"/>
</LinearLayout>
```

（3）style 文件的根元素必须为<resources>。

<resources>是样式文件的根元素，是必填项，该元素没有属性，例如：

```
<?xml version="1.0" encoding="utf-8"?>
<resources xmlns:android="http://schemas.android.com/apk/res/android">
</resources>
```

（4）<style>标签：<style>用来定义单个样式，包含<item>元素，它的属性有以下两个。

name：String 类型，必填项，是样式的名称，作为资源 ID 应用到 View、Activity 或应用程序中。

parent：Style 资源，是本样式的父资源，将继承其 Style 属性。

（5）<item>标签：<item>是样式定义单个属性，必须是<style> 元素的子元素。它的重要属性是 name。

name：指定样式属性的名称，是必填项，必要时要带上包（package）前缀。

例如：

```
<style name="tv_sytle">
    <item name="android:textColor">@color/blue</item>
    <item name="android:textSize">24sp</item>
    <item name="android:background">@color/gray</item>
</style>
```

完成以下任务：完成多语言版本、统一数字按键风格的计算器。具体效果如图 3-10 所示。

步骤 1　创建一个空白 Activity。

步骤 2　新建“res/layout/activity_main.xml”文件，修改布局代码。

步骤 3　统一颜色风格。

Android 中使用 4 个数字来表示颜色，分别表示 Alpha、红（Red）、绿（Green）、蓝（Blue）四个颜色值，即 ARGB。每个数字取值为 0～255，因此一个颜色可以用一个整数来表示。为了提高运行效率，Android 编码时用整数 Color 类实例来表示颜色。

图 3-10　计算器界面图

红、绿、蓝三个值代表颜色的取值，而 Alpha 代表的是透明度，Alpha 的最小值为 0，表示颜色完全透明，而此时 RGB 是什么取值都不重要。Alpha 最大值为 255，表示颜色完全不透明。如果需要颜色半透明，那么可以取 0～255 中的一些值，这常常用于前端图层绘制时。

颜色通常定义在 res/values/colors.xml 中，如下所示。

```
<?xml  version="1.0"encoding="utf-8"?>
<resources>
<color name="opaque_red">#f00</color>
<color name="translucent_red">#80ff0000</color>
</resources>
```

如果需要在 XML 文件中使用该常量资源，则可以使用如下方法。

```
<TextView
  android:layout_width="fill_parent"
  android:layout_height="wrap_content"
  android:textColor="@color/translucent_red"
  android:text="Hello"/>
```

在 Java 代码中如果想使用该资源，则可使用如下调用代码。

```
Resources res = getResources();
int color = res.getColor(R.color.opaque_red);
```

color 通常有如表 3-5 所示的使用方式。

表 3-5　color 的使用方法

使 用 方 式	具 体 步 骤
使用 Color 类的常量	Int color = Color.BULE; // 创建蓝色
定义 XML 资源文件表示颜色	<?xml version="1.0" encoding="utf-8"> <resources> <color name="mycolor">#7fff00ff</color> </resources>
在 XML 中使用颜色	android:textColor="@color/translucent_red"
在代码中使用颜色	Int color = getResources().getColor(R.color.mycolor);

具体布局文件如下。

```
<?xml version="1.0"encoding="utf-8"?>
<resources>
<color name="opaque_red">#f00</color>
<color name="translucent_red">#80ff0000</color>
</resources>
```

步骤 4　统一键盘的样式与风格。

新建 style.xml 文件，并定义按键的风格。

在开发 Android 应用程序的过程中，可以通过 style 来减少代码的重复和可维护性。

style 定义步骤如表 3-6 所示。

表 3-6　style 的定义步骤

步　骤	具 体 步 骤
T1	判断需要统一 style 的控件到底有哪些属性是一致的
T2	定义自己的 style： （1）style 的 name 决定了@style 后的名称； （2）每一项 item 都是一个布局中的属性，分别对应属性名和值； （3）style 继承 parent 中定义过的属性
T3	使用自定义的 style： 将目标控件的 style 属性设置为自定义 style，如@style/***

最佳实践：

（1）国际化与本地化。将字符串作为资源来使用，避免在布局中直接使用字符串常量。若开发多版本的程序，如适应中文、英文、阿拉伯等文字，则定义相应的资源文件即可实现国际化开发，如目录/res/values-zh-rCH。

（2）统一样式与风格。计算器的数字按钮的 textColor、BackGround、同样的权重、同样的属性，均可采用 Style 来进行设置。

3.2.3 Drawable 资源

图片资源是指各类图像文件，支持 PNG、JPG 或 GIF 格式，建议遵循 PNG（最佳）、JPG（可接受）、GIF（不推荐）的原则。

从 Android SDK 文档关于 Drawable 资源的描述可知， Drawable 是一个抽象类，它有很多子类（SubClass）来操作具体类型的资源，如 BitmapDrawable 用来操作位图，ColorDrawable 用来操作颜色，ClipDrawable 用来操作剪切板等。

使用 Drawable 资源的方法如下：把图片放入 Android 工程的 res\drawable 目录下，编程环境会自动在 R 类里为此资源创建一个引用。

而在程序中需要使用图片资源时，可以通过调用相关的方法来获取图片资源（程序中如果要访问 drawable_picture 图片，那么可以采用语句[packagename].R.drawable.drawable_picture）。例如：

```
ImageView imageView=(ImageView)findViewById(R.id.img);
imageView.setImageResource(R.drawable.ic_launcher);
```

注 意

Android 中 Drawable 中的资源名称有约束，必须是[a～z、0～9、_、.]（即只能是字母、数字、_和.），而且不能以数字开头，否则编译会报错，即 Invalid file name: must contain only [a-z0-9_.]。

此外，常会用到另一种资源——StateListDrawable，它可以分配一组 Drawable 资源，StateListDrawable 被定义在一个 XML 文件中，以 <selector> 元素开始。其内部的每一个 Drawable 资源内嵌在<item>元素中，例如：

```
<?xml version="1.0" encoding="utf-8"?>
<selector xmlns:android="http://schemas.android.com/apk/res/android">
    <item android:state_window_focused="false" android:drawable=
                                              "@drawable/star"></item>
    <item android:state_pressed="true" android:drawable=
                                              "@drawable/moon"></item>
</selector>
```

当 StatListDrawable 资源作为组件的背景或者前景 Drawable 资源时，可以随着组件状态的变更而自动切换相对应的资源，例如，一个 Button 可以根据所处状态（按钮按下或者松开、获取焦点等）的不同而显示不同的图片。

我们可以使用一个 StateListDrawable 资源，提供不同的背景图片对应于每一个状态。当组件的状态变更时，会自动遍历 StateListDrawable 对应的 XML 文件来查找第一个匹配 Item。

完成以下任务：

➢ Button 控件的默认文字颜色为黑色，当按钮按下后，文字颜色变成蓝色。

➢ Button 控件按下后背景图片发生变化。

具体效果如图 3-11 所示。

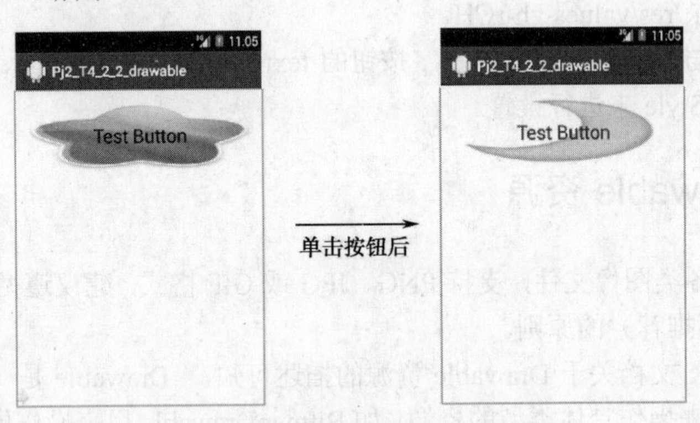

图 3-11 Drawable 资源应用示例图

步骤 1 将应用程序所需的图片复制到 res/drawable-hdpi 文件夹内，成为 Drawable 资源。

步骤 2 编写自定义 Button 外观 selector。

配置 Button 中的文字效果，新建 drawable-hdpi/text_selector.xml 文件，具体内容如下所示。

```
<?xml version="1.0" encoding="utf-8"?>
<selector xmlns:android="http://schemas.android.com/apk/res/android">
<item android:state_pressed="true" android:color="#0000FF"></item>
<item android:color="#000000"></item>
</selector>
```

配置 Button 中的图片切换效果，新建 drawable-hdpi/btn_selector.xml 文件，具体内容如下所示。

```
<?xml version="1.0" encoding="utf-8"?>
<selector xmlns:android="http://schemas.android.com/apk/res/android">
<item  android:state_window_focused="false"  android:drawable="@drawable/
star"></item>
<item android:state_pressed="true" android:drawable="@drawable/moon"></item>
</selector>
```

selector 的具体使用方式如下。

```
<Button
        android:layout_width="match_parent"
        android:layout_height="wrap_content"
        android:background="@drawable/btn_selector"
        android:text="Test Button"
        android:textSize="24sp"
        android:textColor="@drawable/text_selector"/>
```

其常用属性如表 3-7 所示。

表 3-7　常用属性

使 用 方 式	具 体 步 骤
android:state_focused	如果是 true，则获得焦点时显示；如果是 false，则没获得焦点显示默认
android:state_pressed	定义当 Button 处于 pressed 状态时的形态
android:state_selected	如果是 true，当被选择时显示该图片；是 false，未被选择时显示该图片
android:state_checkable	如果值为 true，当 CheckBox 能使用时显示该图片；为 false，当 CheckBox 不能使用时显示该图片
android:state_checked	如果值为 true，当 CheckBox 选中时显示该图片；为 false，当 CheckBox 为选中时显示该图片
android:state_enabled	如果值为 true，当该组件能使用时显示该图片；为 false，当该组件不能使用时显示该图片

3.2.4　动态增加 layout 资源

程序运行时，为了增加 APP 的灵活性，某些情况下需要将某个控件和布局从界面中移除，或者在 App 运行中动态添加到界面中。

完成以下任务：单击“Add layout”按钮时，新增以下布局到界面中，具体效果如图 3-12 所示。

图 3-12　动态增加 layout 资源应用示例图

步骤 1 创建主布局文件。

步骤 2 依据上图结构，首先分析满足该要求的结构，如图 3-13 所示。经过分析可知，该结构可采用 GridLayout 布局来完成。布局的具体代码这里不再赘述。

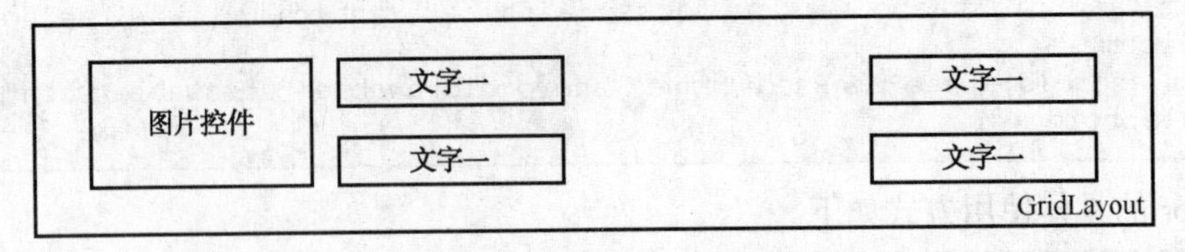

图 3-13 布局结构分析图

步骤 3 使用代码动态加载步骤 2 创建的布局文件，核心代码如下所示。

```
final LayoutInflater inflater = LayoutInflater.from(this);
final LinearLayout lin = (LinearLayout)findViewById(R.id.parent);
Button btn = (Button)findViewById(R.id.Add);
btn.setOnClickListener(new OnClickListener() {
    @Override
    public void onClick(View v) {
        // TODO Auto-generated method stub
        View mylayout = inflater.inflate(R.layout.mygridlayout, null);
        lin.addView(mylayout);
    }
});
```

在上述代码中，LayoutInflater 的作用类似于 findViewById()，不同点是 LayoutInflater 用来查找 layout 文件夹下的 XML 布局文件，并且实例化；而 findViewById()用来查找具体 XML 下的具体 widget 控件（如：Button、TextView 等）。

获取它的用法有 3 种，如表 3-8 所示。

表 3-8 获取方法

序　号	具 体 步 骤
1	LayoutInflater inflater = LayoutInflater.from(this); View view=inflater.inflate(R.layout.ID, null);
2	LayoutInflater inflater = (LayoutInflater)context.getSystemService (Context.LAYOUT_INFLATER_SERVICE);
3	调用 Activity 的 getLayoutInflater() 函数获取 LayoutInflater 对象

本任务介绍了 Android 系统中常用资源的使用方法，主要包含 style、string、color 等 values 资源的使用方法、drawable 资源的使用方法、动态增加 layout 资源的方法等，并通过几个例子，进一步加深了对 Android 系统中常用资源的理解，使读者掌握它们的应用场景及使用方法。

1．思考题

（1）总结 Android 应用程序开发过程中常用资源的应用场景及使用步骤。

（2）Android 项目工程下面的 res 目录的作用是什么？

（3）请写出 4 种以上 Android 常用资源，并指明它们存放的位置。

（4）在 Android 开发过程中，为什么要避免在布局中直接使用字符串常量，而将字符串作为资源来使用？

（5）通过以多种语言为字符串资源创建更多的 XML 资源文件，可使应用程序实现________。

（6）字符串字面值应该放置在 strings.xml 文件里，这个文件位于应用的________文件夹下。

（7）请简述如何在 Java 文件中获取 layout 文件夹下的 XML 布局文件。

（8）在开发 Android 应用程序时，通常可以采取哪些方法来统一应用程序的界面风格？请举例说明。

2．实操练习

请使用 string 资源重构登录界面，并实现本地化与国际化的自适应。

3．扩展阅读

（1）Drawable 与 Bitmap 的区别：

Drawable 是 Android 系统中通用的图形对象，它可以装载常用格式的图像，如 PNG、JPG、GIF、BMP，也提供了一些高级的可视化对象，如渐变图等。

Bitmap 为位图，一般位图的文件格式扩展名为.bmp。它是一种逐像素的显示对象，执行效率高，但是缺点也很明显，就是存储效率低。

如果需要从资源中获取 Bitmap，可以采用如表 3-9 所示的方式。

表 3-9 获取 Bitmap 的方式

使用方式	具体步骤
从资源中获取 Bitmap	Resources res=getResources(); Bitmap bmp=BitmapFactory.decodeResource(res, R.drawable.sample_0);

（2）设置文字颜色可以参考以下 4 种方法。

① tText.setTextColor(android.graphics.Color.RED)；//使用系统自带的颜色类。

② tText.setTextColor(0xffff00ff)；//0xffff00ff 是 int 类型的数据，可以分组为 0x|ff|ff00ff，0x 代表颜色整数的标记，ff 表示透明度，ff00ff 表示颜色。注意：这里 ffff00ff 必须是 8 个数值的颜色表示，不接受 ff00ff 这种 6 个数值的颜色表示。

③ tText.setTextColor(android.graphics.Color.parseColor(#87CEFA))；//利用 Color 类。

④ tText.setTextColor(this.getResources().getColor(R.color.red))。

（3）状态颜色列表资源的作用：

该资源被放置于/res/color/目录下面，用来定义一个类似 Button 的控件在不同状态下需要呈现不同的颜色。因此，这种 XML 资源文件描述的是与控件状态相关的颜色。

（4）Android 常用资源——drawable：

drawable 资源一般存储在应用程序目录的\res\drawable 中。当然，依据分辨率的高低可以分别存储不同分辨率的资源至不同的目录中，如下所示。

① \res\drawable-hdpi。

② \res\drawable-ldpi。

③ \res\drawable-mdpi。

④ \res\drawable-xhdpi。

⑤ \res\drawable-xxhdpi。

以上文件夹对应的 DPI 依次为 240DPI，120DPI，160DPI，320DPI，480DPI（DPI 指一英寸的像素数量）。

drawable 资源共有 10 种，包括 Bitmap 文件、Nine-Path 文件、Layer List、State List、Level List、Transition Drawable、Inset Drawable、Clip Drawable、Scale Drawable、Shape Drawable。下面分别介绍各种文件的用法和其中主要属性的作用。

① Bitmap 文件：就是普通的 JPG、PNG 和 GIF 图片文件。

② Nine-Path 文件：以.9.png 结尾的图片文件，其中图片中有足够伸缩的区域，可以根据内容改变图片大小。在 Android SDK 的 tools 目录下有 draw9patch.bat，它可以制作 9.png 图片。

③ Layer List：可以用于把多张图片组合成一张图片。例如：

```
<?xml version="1.0" encoding="utf-8"?>
<layer-list xmlns:android="http://schemas.android.com/apk/res/android" >
    <item>
        <bitmap
            android:gravity="center"
            android:src="@drawable/pic_one" />
    </item>
    <item
        android:left="10dp"
        android:top="10dp">
        <bitmap
            android:gravity="center"
            android:src="@drawable/pic_two" />
    </item>
    <item
        android:left="20dp"
        android:top="20dp">
        <bitmap
            android:gravity="center"
            android:src="@drawable/pic_three" />
    </item>
</layer-list>
```

④ State List：作用是在相同的图形中展示不同的图片，如 ListView 中的子项背景，可以设置单击时是一种背景，没有焦点时是另一种背景。

⑤ Level list：可以通过程序 imageView.getDrawable().setLevel(value)或者 imageView.setImageLevel(value)来设置需要在 ImageView 中显示的图片（在 XML 中声明的图片）。例如：

```
<?xml version="1.0" encoding="utf-8"?>
<level-list xmlns:android="http://schemas.android.com/apk/res/android" >
<item
android:drawable="@drawable/pic_one"
    android:maxLevel="0" />
<item
    android:drawable="@drawable/pic_two"
    android:maxLevel="1" />
</level-list>
```

然后可通过 imageView.getDrawable().setLevel(0)的方法来切换图片。

⑥ Inset Drawable：用于通过指定的间距把图片插入到 XML 中，它在 View 需要比自身小的背景时常用，如在 drawable 文件中新建 inset.xml，代码如下。

```
<?xml version="1.0" encoding="utf-8"?>
<inset xmlns:android="http://schemas.android.com/apk/res/android"
    android:drawable="@drawable/pic_one"
    android:insetBottom="300dp"
    android:insetLeft="200dp"
    android:insetRight="200dp"
    android:insetTop="300dp" />
```

此时，可在 XML 中使用如下。

```
<LinearLayout xmlns:android="http://schemas.android.com/apk/res/android"
android:layout_width="match_parent"
android:layout_height="match_parent"
android:orientation="vertical"
android:background="@drawable/inset">
```

⑦ Clip Drawable：可以剪裁图片显示。例如，可以通过它来制作进度条；可以选择是从水平还是垂直方向剪裁。其中的 gravity 设置从整个部件的哪里开始。

⑧ Transition Drawable：可以通过调用 startTransition()和 reverseTransition()实现两张图片的切换。

⑨ Scale Drawable：在原图的基础上改变图片的大小。

⑩ Shape Drawable：在 XML 中定义图形。可以自定义一个图形，包括边框、渐变、圆角等。

任务 T4

学生空间 App 的主界面设计

在完成学生空间 App 的登录界面设计和功能实现之后，登录成功则需要跳转到主界面，本任务将实现 Activity 之间的界面跳转，并将登录信息传递到主界面中。同时，在已完成的学生工具箱功能的基础上，使用 Fragment 重构学生工具箱的界面设计和代码，完成工具箱多个界面之间的切换。

任务 T4-1　深入理解 Activity

- 掌握多个 Activity 之间的跳转及数据传递的方法；
- 掌握 Intent 传递简单数据的应用；
- 理解 Activity 生命周期及其状态转换。

本子任务是在完成学生空间 App 的登录界面的基础上，实现登录成功后跳转到主界面的功能，并将登录界面输入的用户名信息传递到主界面中，如图 4-1 所示。

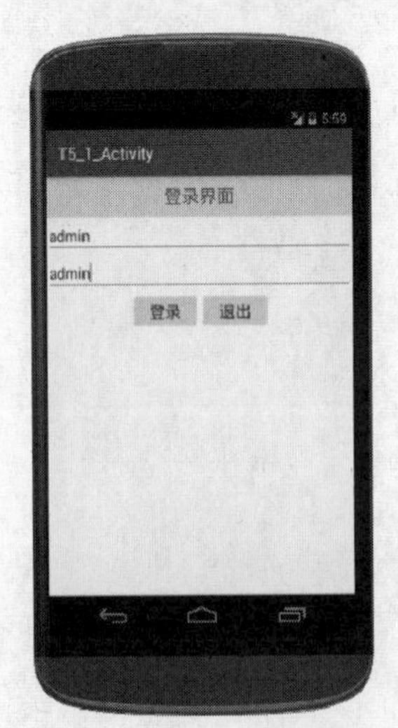

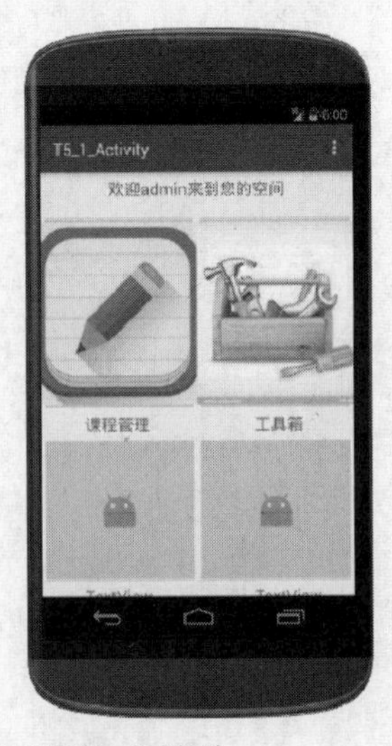

图 4-1　学生空间的登录界面及主界面

4.1.1　多 Activity 间的跳转

Activity 可以理解为用户看到的屏幕，主要用于处理应用程序的整体性工作。

（1）监听系统事件、触屏事件，为用户显示指定的 View，启动其他 Activity 等。

（2）所有应用的 Activity 都继承 android.app.Activity，该类是 Android 提供的基类。

（3）一个 Activity 通常就是一个单独的屏幕。

（4）每一个 Activity 都被实现为一个独立的类。

（5）大多数的应用程序都是由多个 Activity 组成的。

一个 Activity 是一个界面，多个 Activity 表示多个界面，而多个界面的切换在应用中很常见，一般使用 Intent 进行切换。Activity 常用的方法有 SetContentView()、findViewById()、finish()、startActivity()等。

1．创建及使用 Activity 类的步骤

创建并使用一个新的 Activity 类的具体步骤如图 4-2 所示。

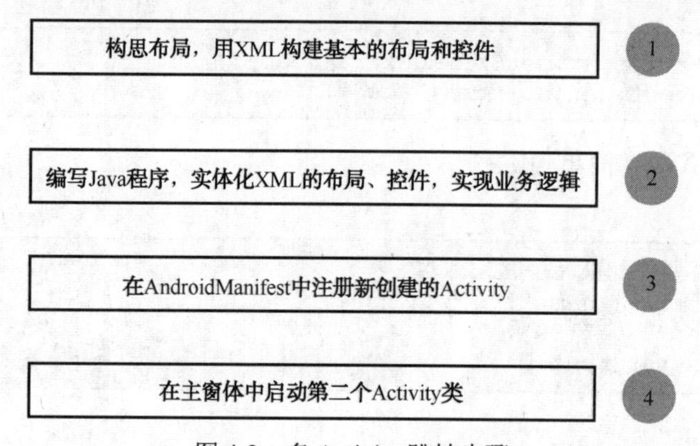

图 4-2　多 Activity 跳转步骤

（1）创建新的 Activity，名称为 SecondActivity，创建布局与创建普通布局文件相同。

（2）在 AndroidManifest.xml 中注册该 Activity。

```
<activity
        android:name="SecondActivity"
        android:label="@string/app_name">
</activity>
```

（3）主窗体调用子窗体：主窗体调用子窗体通过类 Intent 完成，Intent 作用非常多，后面会陆续进行深入介绍。

2．切换 Activity 的方式

```
Intent intent = new Intent();
```

切换 Activity 有以下 5 种方式。

（1）intent.setClass(this,OtherActivity.class);

（2）intent.setClassName(this,"com.niit.OtherActivity");

（3）intent.setClassName("com.niit","com.niit.OtherActivity");

（4）Component comp = new Component(this,OtherActivity.class);

intent.setComponent(comp);

（5）Intent intent = new Intent(this,OtherActivity.class);

第 3 种方式用来激活不同应用的 Activity，只需要指定第一个参数——包名，为另一个应用即可

4.1.2 多 Activity 间的数据传递

1．多 Activity 间发送参数与接收参数的设置方式

（1）putExtra 方式。

发送：

```
intent.putExtra("name","xiaohong");
intent.putExtra("age",20);
```

接收：

```
String name = intent.getStringExtra("name");
int age = intent.getIntExtra("age");
```

（2）Bundle 方式传递简单值。

发送：

```
Bundle bundle = new Bundle();
bundle.putString("name","xiaohong");
bundle.putInt("age",20);
intent.putExtras(bundle);
```

接收：

```
Bundle bundle = intent.getExtras();
String name = bundle.getString("name");
int age = bundle.getInt("age");
```

（3）Bundle 方式传递数组。

发送：

```
Bundle bundle = new Bundle();
bundle.putString("result", "第一个 activity 的内容") ;
bundle.putString("content",content) ;
bundle.putSerializable("DATA", new String[]{"1","2","3"}) ;
```

接收：

```
Intent intent = getIntent() ;
String result = intent.getStringExtra("result") ;
```

```
String content = intent.getStringExtra("content") ;
String recvData[] = intent.getStringArrayExtra("DATA") ;
```

（4）Bundle 方式传递对象。

Android 中 Intent 传递类对象提供了以下两种方式。

① 通过实现 Serializable 接口传递对象。

② 通过实现 Parcelable 接口传递对象。

要求被传递的对象必须实现上述两种接口中的一种才能通过 Intent 直接传递，Intent 传递这两种对象的方法如下：

```
Bundle.putSerializable(Key, Object);  //实现 Serializable 接口的对象
```

发送：

```
intent.setClass(Login.this,MainActivity.class);
Bundle bundle = new Bundle();
bundle.putSerializable("user", user);
intent.putExtras(bundle);
this.startActivity(intent);
```

接收：

```
Intent intent = this.getIntent();
user=(User)intent.getSerializableExtra("user");
```

如果传递的是 List<Object>，则可以把 list 强制转换成 Serializable 类型，而且 object 类型也必须已经实现了 Serializable 接口。

发送：

```
Intent.putExtras(key,(Serializable)list)
```

接收：

```
(List<YourObject>)getIntent().getSerializable(key)
```

2．带返回值的 Activity

由主调窗体向被调窗体传值的逻辑示意图如图 4-3 所示。

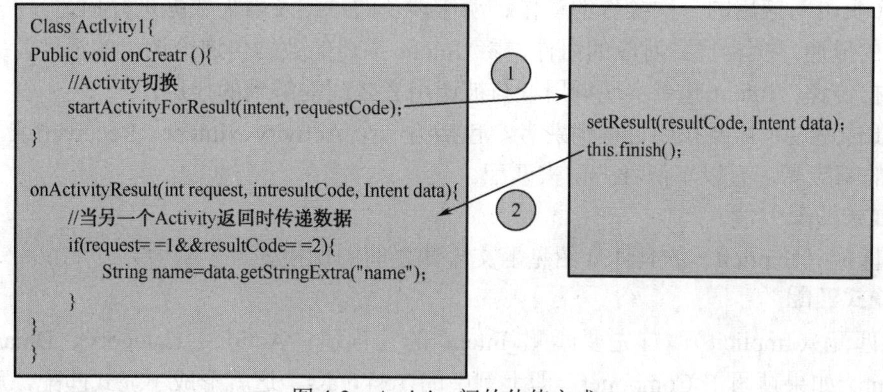

图 4-3　Activity 间的传值方式

3. 主窗体及子窗体双向传递数据

（1）主窗体向子窗体传递数据：

```
if (TextUtils.isEmpty(etName.getText().toString())) {
   Toast.makeText(MainActivity.this, "输入名称不能为空",
   Toast.LENGTH_SHORT).show();
   return;
}
Intent mIntent = new Intent(MainActivity.this, SecondActivity.class);
mIntent.putExtra("name", etName.getText().toString().trim());
startActivityForResult(mIntent, 1000);
```

（2）子窗体返回数据：

```
String result = "有";
Intent intent = new Intent();
intent.putExtra("result", result);
/** 调用 setResult 方法表示将 Intent 对象返回给之前的那个 Activity，
 * 这样即可在 onActivityResult 方法中得到 Intent 对象**/
setResult(1001, intent);
// 结束当前 Activity 对象的生命
finish();
```

（3）主窗体接收返回的数据：

```
protected void onActivityResult(int requestCode, int resultCode, Intent data {
   super.onActivityResult(requestCode, resultCode, data);
   if (requestCode == 1000 && resultCode == 1001) {
      String result_value = data.getStringExtra("result");
      tvResult.setText("评论内容返回为：" + result_value);
   }
}
```

4.1.3 深入 Intent 应用

Intent 类除了实现 Activity 之间的切换之外，还有很多重要作用，如调用系统程序、调用服务与发送广播等，Android 应用主要由组件组成，如 Activity、Service、ContentProvider 等，这些组件之间的通信主要由 Intent 协助完成，Intent 可以理解为不同组件通信的媒介或者信使。

Intent 负责对应用的一次操作的动作、动作涉及的数据及附加数据进行描述，Android 根据 Intent 的描述，负责找到对应的组件，将 Intent 描述的数据传递给调用的组件，完成组件之间的数据传递，Intent 起着实现调用者与被调用者之间的解耦的作用。

Intent 传递过程需要找到目标消费者，包括另一个 Activity、Intent、Receiver 或 Service，即 Intent 的响应者，有以下两种方法来匹配。

1. 显式匹配

显式匹配（Explicit）的具体介绍见上文窗体之间的切换。

2. 隐式匹配

隐式匹配（Implicit），首先要匹配 Intent 的几项值：Action、Category、Data/Type 和 Component。如果填写了 Componet，即上例中的 Test.class，这就形成了显式匹配，所以此部

分只介绍前几种匹配，匹配规则为最大匹配规则。

（1）Action：填写 Action，如果有一个程序的 Manifest.xml 中的某一个 Activity 的 IntentFilter 字段中定义了包含相同的 Action，那么这个 Intent 就与这个目标 Action 匹配，如果这个 Filter 段中没有定义 Type、Category，那么这个 Activity 就匹配了。如果手机中有两个以上的程序匹配，那么会弹出一个对话框来提示说明。

Action 的值在 Android 中有很多预定义，如果想直接转到自己定义的 Intent 接收者中，可以在接收者的 IntentFilter 中加入一个自定义的 Action 值(同时要设定 Category 值为 "android.intent.category.DEFAULT")，在自定义的 Intent 中设定该值为 Intent 的 Action 即可直接跳转到对应的 Intent 接收者中，因为这个 Action 在系统中是唯一的。

（2）data/type：可以用 Uri 作为 data，如

```
Uri uri = Uri.parse(http://www.google.com);
Intent i = new Intent(Intent.ACTION_VIEW,uri);
```

手机的 Intent 在分发过程中，会根据 http://www.google.com 的 scheme 判断出数据类型，手机的 Brower 能匹配它，在 Brower 的 Manifest.xml 的 IntenFilter 中首先有 ACTION_VIEW Action，也能处理 http:的 type。

（3）Category（分类）：一般不要在 Intent 中设置它，如果写了 Intent 的接收者，则在 Manifest.xml 的 Activity 的 IntentFilter 中包含 android.category.DEFAULT，这样所有不设置 Category(Intent.addCategory(String c))的 Intent 都会与这个 Category 匹配。

（4）extras（附加信息）：其他所有附加信息的集合。使用 extras 可以为组件提供扩展信息，例如，如果要执行“发送电子邮件”这个动作，则可以将电子邮件的标题、正文等保存在 extras 里，传给电子邮件发送组件。

Intent 公共构造方法有以下几种。

① Intent()：空构造方法。

② Intent(Intent intent)：拷贝构造方法。

③ Intent(String action)：指定 action 类型的构造方法。

④ Intent(String action, Uri uri)：指定 Action 类型和 Uri 的构造方法，Uri 主要是结合程序之间的数据共享 ContentProvider，具体见后续任务。

⑤ Intent(Context packageContext, Class<?> cls)：传入组件的构造方法，即上文提到的构造方式。

⑥ Intent(String action, Uri uri, Context packageContext, Class<?> cls)：前两种的结合体。

其中，第 3、4、5 种方法是最常用的。

Intent 调用系统 Action 的方法包括以下两种。

拨打电话：

```
Uri uri = Uri.parse("tel:400800123");
Intent it = new Intent(Intent.ACTION_DIAL, uri);
startActivity(it);
```

ACTION_DIAL：打开系统默认的拨号程序，如果在 Data 中设置了电话号码，则自动在拨号程序中输入此号码。

浏览网页：

```
Uri uri = Uri.parse("http://www.baidu.com");
Intent it = new Intent();
it.setAction(Intent.ACTION_VIEW);
it.setData(uri);
startActivity(it);
```

ACTION_VIEW：系统根据不同的 Data 类型，通过已注册的对应的 Application 显示数据。

4.1.4 Activity 生命周期进阶

对于 Android 系统而言，因为局限于手机画面的大小与使用的考虑，不能把每一个运行中的应用程序窗口都显示出来。

1. Activity 的状态

Activity 有 4 种本质区别的状态。

（1）在屏幕的前台（Activity 栈顶），称为活动状态或者运行状态（Active or Running）。

（2）如果一个 Activity 失去焦点，但是依然可见（一个新的非全屏的 Activity 或者一个透明的 Activity 被放置在栈顶），称为暂停状态（Paused）。一个暂停状态的 Activity 依然保持活力（保持所有的状态、成员信息，和窗口管理器保持连接），但是在系统内存极低时将被终止。

（3）如果一个 Activity 被其他的 Activity 完全覆盖掉，则称为停止状态（Stopped）。它依然保持所有状态和成员信息，但是它不再可见，所以它的窗口被隐藏，当系统内存需要被用在其他地方的时候，Stopped 的 Activity 将被终止。

（4）如果一个 Activity 是 Paused 或者 Stopped 状态，系统可以将该 Activity 从内存中删除，Android 系统采用两种方式进行删除，要么要求该 Activity 结束，要么直接终止它的进程。当该 Activity 再次显示给用户时，它必须重新开始并重置前面的状态。

Activity 生命周期状态切换如图 4-4 所示。

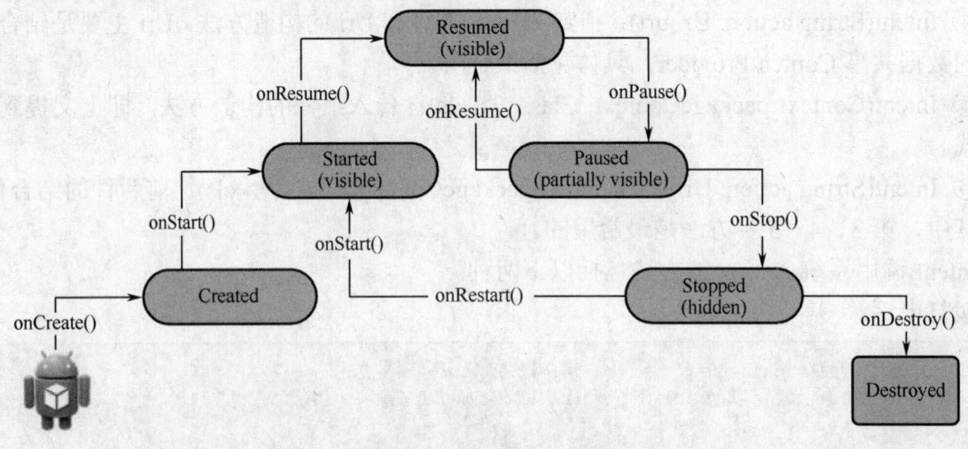

图 4-4 Activity 生命周期

2．Home、Back 按键与生命周期

1）Back 键

Android 的程序无需刻意的退出，当按手机的 Back 键的时候，系统会默认调用程序栈中最上层 Activity 的 Destroy()方法来销毁当前 Activity，当此 Activity 又被其他 Activity 启动的时候，会重新调用 OnCreate()方法进行创建，当栈中所有 Activity 都结束后，应用也就随之结束了。如果程序中存在 service 等，则可以在恰当的位置监听处理。

2）Home 键

Android 程序隐藏时，当按下手机的 Home 键的时候，系统会默认调用程序栈中最上层 Activity 的 stop()方法，然后整个应用程序都会被隐藏起来，当再次单击手机桌面上应用程序的图标时，系统会调用最上层 Activity 的 OnResume()方法，此时不会重新打开程序，而是直接进入，显示程序栈中最上层的 Activity。

Android 2.0 之后的系统提供了 onBackPressed()方法，用来监听 Back 键事件，所以只需重写 onBackPressed()方法即可。完成 Back 键的功能。

3．两个窗体切换时 Activity 生命周期方法的调用情况

假设 A Activity 位于栈顶，此时用户操作，从 A Activity 跳转到 B Activity。那么对 A、B 来说，具体会回调哪些生命周期中的方法呢？回调方法的具体回调顺序又是怎样的呢？

开始时，A 被实例化，执行的回调有 A:onCreate -> A:onStart -> A:onResume。

当用户单击 A 中按钮来到 B 时，假设 B 全部遮挡住了 A，将依次执行 A:onPause -> B:onCreate -> B:onStart -> B:onResume -> A:onStop。

此时如果按 Back 键，将依次执行 B:onPause -> A:onRestart -> A:onStart -> A:onResume -> B:onStop -> B:onDestroy。

相关注意事项如表 4-1 所示。

表 4-1 Activity 生命周期注意事项

相关动作	注意事项
启动流程	activity 启动的时候：onCreate --> onStart --> onResume
（1）按 Back 键或执行 Finish 方法 （2）横竖屏转换	窗体完全销毁，即执行 onDestroy 方法，完成出栈动作
B 调出 A	B 窗体: onStop 方法 A 窗体：onCreate->onStart->onResume
Activity 特性	当前 Activity 所在的线程为主线程，它的响应时间为 5s，如果在当前运行的 Activity 中进行耗时的操作且响应时间超过 5s，那么程序就会报 ANR 错误，所以，这也是不建议在 Activity 中写太多复杂代码的原因之一。
其他	onCreate(Bundle)接口用于初始化 Activity，并调用 setContentView(int)设置在资源文件中定义的 UI，使用 findViewById(int) 可以获得 UI 中定义的窗口。 onPause()接口是使用者准备离开 Activity 的地方，在此，任何修改都应该被提交（通常用于 ContentProvider 保存数据）。 当用户自己退出程序的时候，建议在 onStop 方法中保存数据。

导入工程 T3_1_Layout，重命名为 T4_1_Activity，重构登录处理逻辑，子任务具体实现过程如下。

步骤 1　重构登录 LoginActivity 文件。

修改对“登录”按钮的监听处理，单击“登录”按钮，跳转到主界面，具体实现如下。

```
btn_login.setOnClickListener(new View.OnClickListener() {
  @Override
  public void onClick(View v) {
     String userName = ev_userName.getText().toString();
     String password = ev_password.getText().toString();
     //界面跳转
     Intent intent = new Intent(LoginActivity.this, MainActivity.class);
     intent.putExtra("name", userName);
     startActivity(intent);
  }
});
```

使用 Intent 显式匹配、简单传值的方式。实现主界面跳转

步骤 2　修改主界面 MainActivity 文件。

修改主界面逻辑处理，接收登录界面传递过来的用户名信息，具体实现如下。

```
protected void onCreate(Bundle savedInstanceState) {
    super.onCreate(savedInstanceState);
    setContentView(R.layout.activity_main);
    tv_name = (TextView) findViewById(R.id.tv_name);
    Intent intent = getIntent();
    String name = intent.getStringExtra("name");
    tv_name.setText("欢迎" + name + "来到您的空间");
}
```

步骤 3　在 AndroidManifest.xml 中进行注册。

```
<activity android:name="cn.edu.niit.t4_1_login.LoginActivity">
<intent-filter>
<action android:name="android.intent.action.MAIN" />
<category android:name="android.intent.category.LAUNCHER" />
</intent-filter>
</activity>
<activity android:name="cn.edu.niit.t4_1_login.MainActivity" />
```

本子任务首先介绍了多 Activity 间的跳转方法，通过 Intent 进行跳转；其次介绍了多 Activity 间数据传递的方法，从传递简单数据，使用 Bundle 传递数据，界面间单向传递数据到界面间双向传递数据；再次介绍了 Intent 过滤器；最后介绍了 Activity 的生命周期的相关知识。本子任务的重点是多 Activity 间的跳转及数据传递，需要重点掌握。

1．思考题

（1）简述 Android 的 Activity 的用途。

（2）简述 Activity 生命周期的 4 种状态，以及状态之间的变换关系。

（3）总结多个 Activity 之间跳转的方法。

（4）总结数据在 Activity 之间传递的流程与注意事项。

（5）简述 Intent 的定义和用途。

（6）列举 Intent 传递不同数据类型的方法。

2．选择题

（1）Android 组织 Activity 的方式为（　　）。

A．栈的方式　　B．队列的方式　　C．树形方式　　D．链式方式

（2）关于 Activity 的说法不正确的是（　　）。

A．Activity 是为用户操作而展示的可视化用户界面

B．一个应用程序可以有若干个 Activity

C．Activity 可以通过一个别名来访问

D．Activity 可以表现为一个漂浮的窗口

（3）激活 Activity 的方法是（　　）。

A．runActivity()　　B．goActivity()

C．startActivity()　　D．startActivityForIn()

（4）关于 Intent 对象的说法错误的是（　　）。

A．在 Android 中，Intent 对象是用来传递信息的

B．Intent 对象可以把值传递或广播给 Activity

C．利用 Intent 传值时，可以传递一部分值类型

D．利用 Intent 传值时，它的 key 值可以是对象

（5）Activity 对资源以及状态的操作保存，最好保存在生命周期的函数（　　）中。

A．onPause()　　B．onCreate()　　C．onResume()　　D．onStart()

（6）Android 中下列属于 Intent 的作用是（　　）。

A．实现应用程序间的数据共享

B．一段长的生命周期，没有用户界面的程序，可以保持应用在后台运行，而不会因为切换页面而消失

C．可以实现界面间的切换，可以包含动作和动作数据，是连接四大组件的纽带

D．处理一个应用程序整体性的工作

3．实操练习

（1）按以下要求创建一个 Activity，说明创建的步骤，并配以相应截图。

① 应用项目及 Activity 名称为本人姓名全拼。

② Layout 为系统默认。

（2）结合本任务内容，完成如图 4-5 所示的任务。

① 在主屏幕输入自己的姓名，单击“进入评估”按钮，进入第二个界面，并将主屏幕输入的姓名传递给第二个界面。

② 在第二个界面中进行问题回答；

③ 第二个界面的回答结果返回给第一个界面并显示。

图 4-5　多 Activity 跳转并传递数据

任务 T4-2　Fragment

- 理解 Fragment 的基本概念及应用场景；
- 掌握 Fragment 的使用方法；
- 理解 Fragment 的生命周期。

本子任务是重构学生空间 App 中的学生工具箱界面。在 App 主界面中，单击“工具箱”图标进入工具箱界面，然后通过 Fragment 的使用，实现在该界面中对不同工具的切换，界面实现效果如图 4-6 所示。

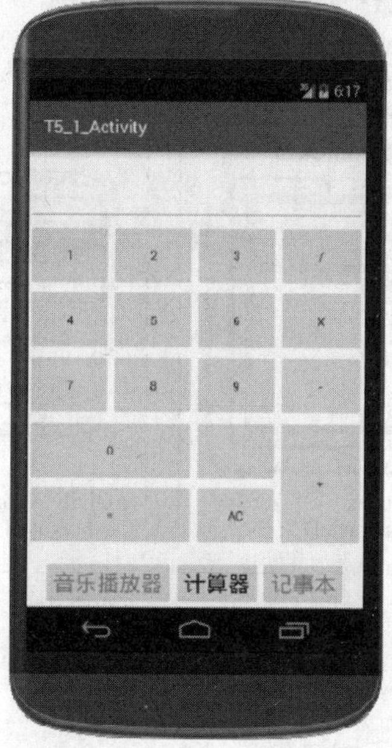

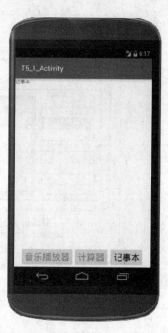

图 4-6　重构学生工具箱界面

4.2.1　Fragment 简介

为什么会有 Fragment？

Android 运行在各种各样的设备中，有小屏幕的手机，超大屏的平板，甚至电视。针对屏幕尺寸的差距，很多情况下，都是先针对手机开发一套 App，然后复制一份，修改布局以适应平板大屏。那么如何做到使一个 App 既适应手机，又适应平板呢？ Fragment 的出现就是为了解决这样的问题。可以把 Fragment 当作 Activity 的一个界面的一个组成部分，甚至 Activity 的界面可以由完全不同的 Fragment 组成，而且 Fragment 拥有自己的生命周期和接收、处理用户的事件，因此不需要在 Activity 中添加控件的事件处理代码，还可以根据需要，动态地添加、替换和移除某个 Fragment。

Android 在 Android 3.0 (API level 11)中引入了 Fragment，Fragment 的优点如下。

（1）Fragment 可以将 activity 分离成多个可重用的组件，每个组件都有它自己的生命周期和 UI。

（2）Fragment 可以实现灵活的布局，改善用户体验，并可以适用于不同的屏幕尺寸，从手机到平板电脑，如图 4-7 所示。

（3）Fragment 是一个独立的模块，可以静态或者在运行中动态地添加、移除、交换等，它可以解决 Activity 间的切换不流畅，实现轻量切换。

（4）Fragment 能替代 TabActivity 做导航，并且性能更好。

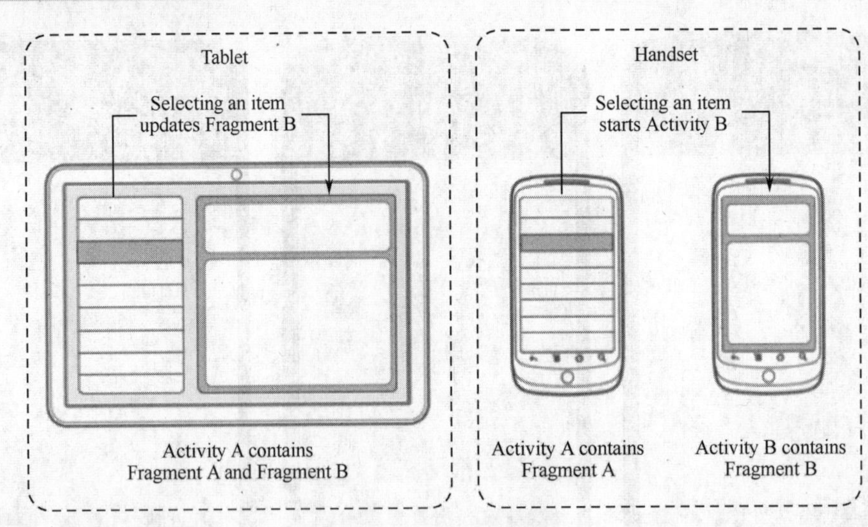

图 4-7 Fragment 的应用

Fragment 的创建有两种方法：静态创建、动态创建。

1. 静态创建

步骤 1 创建布局。这与创建普通布局文件相同，新建文件 contentfragment.xml。

```
<?xml version="1.0" encoding="utf-8"?>
<LinearLayout xmlns:android="http://schemas.android.com/apk/res/android"
   android:layout_width="match_parent"
   android:layout_height="match_parent"
   android:orientation="vertical" >
<TextView
      android:layout_width="fill_parent"
      android:layout_height="fill_parent"
      android:gravity="center"
      android:text="使用 Fragment 做主面板"
      android:textSize="20sp"
      android:textStyle="bold" />
</LinearLayout>
```

步骤 2 和创建一个 Activity 类似，继承 Fragment 类，重写生命周期方法，主要不同是需要重写一个 onCreateView()方法来返回这个 Fragment 的布局，其中 inflater 用来查找 res/layout 下的 XML 布局文件。

```
public class ContentFragment  extends Fragment {
    public View  onCreateView (LayoutInflater inflater, ViewGroup container,
Bundle savedInstanceState){
        return  inflater.inflate(R.layout.contentfragment, container,false);
    }
}
```

步骤 3 把 Fragment 当作普通的 View 一样声明在 Activity 的布局文件中。

```
<RelativeLayout
xmlns:android="http://schemas.android.com/apk/res/android"
    xmlns:tools="http://schemas.android.com/tools"
    android:layout_width="match_parent"
    android:layout_height="match_parent" >
```

```
<fragment
        android:id="@+id/id_fragment_title"
        android:name="com.example.Pj2_T4_2_1_Fragment.TitleFragment"
        android:layout_width="fill_parent"
        android:layout_height="45dp" />
<fragment
        android:layout_below="@id/id_fragment_title"
        android:id="@+id/id_fragment_content"
        android:name="com.example.Pj2_T4_2_1_Fragment.ContentFragment"
        android:layout_width="fill_parent"
        android:layout_height="fill_parent" />
</RelativeLayout>
```

2．动态创建

步骤 1　在 Activity 中调用方法 getFragmentManager()，得到 FragmentManager 对象，然后通过 FragmentManager 对象的 beginFragmentTransaction()方法获取 FragmentTransaction 对象。

```
FragmentManager fragmentManager = getFragmentManager();
FragmentTransaction fragmentTransaction = fragmentManager.beginTransaction();
```

步骤 2　用 add()方法添加 Fragment 到当前的 Activity 中，使用 commit()方法提交事务。

```
ContentFragment fragment = new ContentFragment();
fragmentTransaction.add(R.id.fragment_container, fragment);
fragmentTransaction.commit();
```

Fragment 常用的有如下 3 个类。

（1）android.app.Fragment。

（2）android.app.FragmentManager。

（3）android.app.FragmentTransaction。

FragmentTransaction 包括以下方法。

（1）FragmentTransaction transaction = fm.benginTransatcion()。

（2）transaction.add()。

（3）transaction.remove()。

（4）transaction.replace()。

（5）transaction.hide()。

（6）transaction.show()。

（7）detach()。

（8）attach()。

（9）transatcion.commit()。

可以使用以下步骤定位需要获取的 Fragment 对象。

（1）使用 findFragmentById()或 findFragmentByTag()获取 Activity 中存在的 Fragment。

（2）将 Fragment 从后台堆栈中弹出，使用 popBackStack()模拟用户按 BACK 命令。

（3）使用 addOnBackStackChangeListener()注册一个监听后台堆栈变化的 listener。

关于在 Activity 中使用 Fragment 的一个很强的特性：根据用户的交互情况，对 Fragment

进行添加、移除、替换，提交给Activity的这些变化称为一个事务，可以使用FragmentTransaction的 API 进行处理，也可以保存每个事务到 Activity 管理的 backstack 中，经由 Fragment 的变化向后导航。

4.2.2 Fragment 生命周期

已经知道了 Fragment 很好用，下面就来介绍它的工作原理。Fragment 只能存在于作为容器的 Activity 中，每一个 Fragment 都有自己的视图结构，可以像之前那样载入布局。Fragment 的生命周期比较复杂，因为它有更多的状态，如图 4-8 所示。

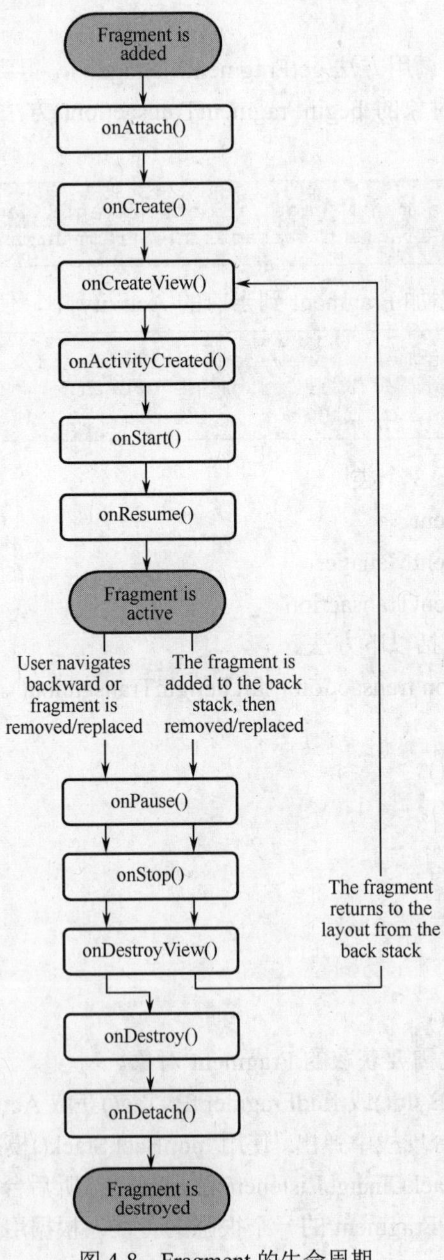

图 4-8　Fragment 的生命周期

在 Fragment 生命周期开始，onInflate 方法被调用。要注意的是，这个方法只有直接用标签在布局文件中定义的时候才会被调用。可以在这个方法中保存一些在 XML 布局文件中定义的配置参数和属性。

然后是 onAttach 被调用，这个方法在 Fragment 绑定到它的父 Activity 中的时候被调用，可以在这里保存它和 Activity 之间的引用。

之后是 onCreate 被调用，这是最重要的步骤之一。Fragment 就是在这一步中产生的，可以用这个方法启动其他线程以检索数据，如从远程服务器启动。

onCreateView 方法是在 Fragment 创建自己的视图结构的时候被调用的，在这个方法中会载入 Fragment 的布局文件，就像在 ListView 控件中载入布局一样。在这个过程中，不能保证父 Activity 是否已经创建，所以有一些操作无法在这里完成。

可以看到，在 onActivityCreated 后 Activity 才算建立完成，到这一步，Activity 就创建成功并激活了。

然后调用 onStart，在这里要做的事和 Activity 中的 onStart 一样，在这个方法中 Fragment 虽然可以显示，但是还不能和用户进行交互，只有在 onResume 后 Fragment 才能开始和用户进行交互操作。在这个过程后，Fragment 就已经启动并运行了。

当 Activity 暂停时，Activity 的 onPause 方法会被调用。这时，Fragment 的 onPause 方法也会被调用。

而当系统销毁 Fragment 视图显示时， onDestroyView 方法就会被调用。

之后，如果系统需要完全销毁整个 Fragment，onDestroy 方法就会被调用，这时需要释放所有可用的连接。

最后一步是把 Fragment 从 Activity 中解绑，即调用 onDetach 方法。

新建工程 T4_1_Fragment，重构学生空间 App 中的学生工具箱界面，通过 Fragment 的使用，实现在该界面中对不同工具界面的切换。本子任务具体实现过程如下。

步骤 1　为 Fragment 创建布局文件。

在工程 layout 文件夹下分别为音乐播放器、计算器、记事本三个 fragment 创建布局文件：frag_music.xml、frag_counter.xml、frag_note.xml，创建布局的方式与创建普通布局文件相同。因为计算器界面在 T3-1 任务实践中已经完成，所以可以直接参考其布局方式。另外两个界面在后续任务中分别开发，因此这里只用文本进行界面标识。以 frag_music.xml 为例，代码如下所示。

```
<?xml version="1.0" encoding="utf-8"?>
<LinearLayout xmlns:android="http://schemas.android.com/apk/res/android"
    android:layout_width="match_parent"
    android:layout_height="match_parent"
    android:orientation="vertical">
<TextView
        android:layout_width="wrap_content"
        android:layout_height="wrap_content"
        android:text="音乐播放器" />
</LinearLayout>
```

步骤 2　创建 Fragment。

在工程中分别新建 3 个 Fragment 类——MusicFragment、CounterFragment、NoteFragment，继承 Fragment 类，创建方法和创建 Activity 类似。以 MusicFragment 类为例，代码如下所示。

```
public class MusicFragment extends Fragment {
    @Nullable
    @Override
    public View onCreateView(LayoutInflater inflater, @Nullable ViewGroup
container, @Nullable Bundle savedInstanceState) {
        View view=inflater.inflate(R.layout.frag_music,container,false);
        return view;
    }
}
```

步骤 3　动态使用 Fragment。

在界面中添加音乐播放器 Fragment，代码如下。

```
musicFragment = new MusicFragment();
fragmentTransaction = getFragmentManager().beginTransaction();
fragmentTransaction.add(R.id.fragment_content,musicFragment);
fragmentTransaction.commit();
```

为界面中 3 个按钮设置监听，当单击不同的按钮时，切换至相应的 Fragment，同时改变按钮的文字颜色，代码如下。

```
@Override
public void onClick(View v) {
    fragmentTransaction = getFragmentManager().beginTransaction();
    switch (v.getId()) {
        case R.id.btn_music:
            fragmentTransaction.replace(R.id.fragment_content,musicFragment);
            btn_music.setTextColor(Color.BLACK);
            btn_note.setTextColor(Color.GRAY);
            btn_counter.setTextColor(Color.GRAY);
            break;
        case R.id.btn_counter:
            fragmentTransaction.replace(R.id.fragment_content,counterFragment);
            btn_counter.setTextColor(Color. BLACK);
            btn_music.setTextColor(Color.GRAY);
            btn_note.setTextColor(Color.GRAY);
            break;
        case R.id.btn_note:
            fragmentTransaction.replace(R.id.fragment_content, noteFragment);
            btn_note.setTextColor(Color.BLACK);
            btn_music.setTextColor(Color.GRAY);
            btn_counter.setTextColor(Color.GRAY);
            break;
    }
    fragmentTransaction.commit();
}
```

本子任务首先介绍了 Fragment 的基本概念、应用场景及使用方法，并通过重构学生空间 App 中的学生工具箱界面，使读者掌握了 Fragment 的使用方法；然后通过对 Fragment 生命周期的详细讲解，使读者对 Fragment 的理解得到了进一步的巩固和加深。

1．思考题

（1）总结 Fragment 的概念及作用。

（2）简述 Fragment 的静态及动态创建方法。

（3）Fragment 的生命周期有哪几种状态？

2．实操训练

利用 Fragment 实现界面跳转的功能，完成效果如图 4-9 所示。

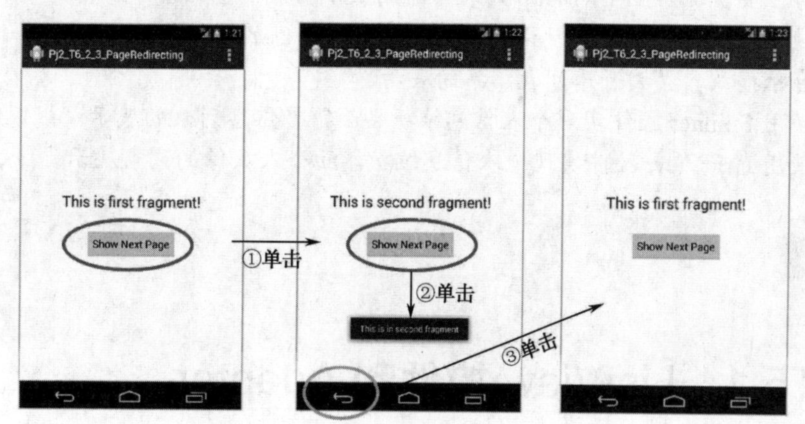

图 4-9　Fragment 实现界面跳转的效果图

任务 T5

学生空间 App 列表信息的展示

在 App 开发中，经常需要实现一屏显示或处理多条记录，简称为一屏多记录。要显示一组数据，常采用一类控件来实现，即列表控件，它是 Android 中非常重要、实用的控件。容器内的控件需要展示内容，内容的个数在运行时才能确定。

本任务主要实现学生空间 App 列表信息的展示功能，包括：

（1）使用 ListView 控件实现课程管理界面课程信息的展示；

（2）音乐播放器界面音乐列表信息的展示；

（3）使用 Spinner 控件实现个人信息维护界面籍贯信息列表的展示；

（4）使用 GridView 控件实现个人信息维护界面个人头像的列表展示。

任务 T5-1　ListView 控件和 Adapter

■ 掌握 ListView 控件的使用方法及应用场景；
■ 掌握 Adapter 相关知识及使用方法。

本子任务主要实现以下两个功能：

（1）实现学生空间 App 的课程管理功能，在学生空间主界面中单击课程管理图标，进入课程管理主界面，在该界面使用 ListView 控件进行课程信息的展示，并实现当单击 ListView 中的一项时，可以显示所选课程的名称，如图 5-1 所示。

（2）实现音乐播放器界面的音乐列表信息的展示，如图 5-2 所示。

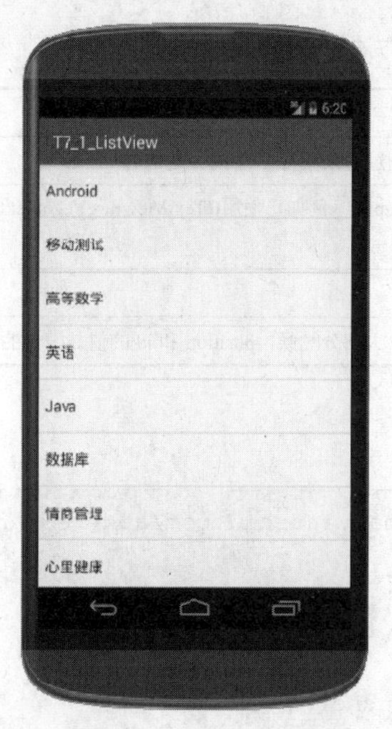

图 5-1　课程管理界面

图 5-2　音乐播放器界面

5.1.1 ListView 控件

在 Android 开发中 ListView 是比较常用的列表组件之一，它以垂直列表的形式展示具体内容，并且能够根据数据的长度自适应显示，用于呈现多条布局相同的显示内容。负责提供数据的叫做适配器，即 Adapter。

1．ListView 的两个职责

（1）将数据填充到布局中。

（2）处理用户的选择、单击等操作。

2．ListView 创建需要的元素

（1）ListView 中的每一列是一个 View，一般需要单独创建一个布局文件来表示。

（2）填入 View 的数据或者图片等。

（3）连接数据与 ListView 的 Adapter。

3．单击 ListView 中某一行 Item 显示相应内容

设置监听器，常用的监听器 OnItemClickListener 为每一个 Item 响应单击事件。原型如下：

```
public void onItemClick (AdapterView<?> parent, View view, int position,
long id )
```

参数含义如表 5-1 所示。

表 5-1 onItemClick 方法的参数列表

参 数 值	关键字或名称的作用
parent	相当于 ListView Y 适配器的一个指针，可以通过它来获得 Y 中的一切内容
view	选中的 ListView 的某一项的内容，来源于 Adapter。例如，使用((TextView)arg1).getText()，可以取出选中的一项内容，转为 string 类型
position	单击的位置，能对应获取相应数据
id	在 listview Y 中的第几行（很明显是第 2 行），大部分时候，position 和 id 的值是一样的

4. ListView 属性介绍

ListView 在 XML 文件中定义如下。

```
<ListView xmlns:android="http://schemas.android.com/apk/res/android"
    android:id="@+id/listview"
    android:layout_width="fill_parent"
    android:layout_height="fill_parent"
    android:cacheColorHint="#00000000"
    android:dividerHeight="30px"
    android:divider="@drawable/ic_launcher"
    android:fadingEdge="vertical"
    android:scrollbars="horizontal|vertical"
    android:fastScrollEnabled="true"
    android:scrollbarStyle="outsideInset"
    />
```

（1）cacheColorHint：设置拖动背景色。例如：

```
android:cacheColorHint="#00000000"
```

（2）dividerHeight：设置 listview item 之间的高度。例如：

```
android:dividerHeight="30px"
```

（3）divider：设置 listview item 之间的背景或者颜色。例如：

```
android:divider="@drawable/ic_launcher"
```

（4）fadingEdge：设置上边和下边有黑色的阴影，值为 none 时没有阴影。例如：

```
android:fadingEdge="vertical"
```

（5）scrollbars：设置是否显示滚动条，只有值为 horizontal|vertical 的时候，才会显示滚动条，并且会自动隐藏和显示。例如：

```
android:scrollbars="horizontal|none"
```

（6）fastScrollEnabled：设置快速滚动效果，配置这个属性后，在快速滚动的时候旁边会出现一个小方块的快速滚动效果，自动隐藏和显示。例如：

```
android:fastScrollEnabled="true"
```

（7）scrollbarStyle：

```
android:scrollbarStyle="outsideInset"
```

设置 ScrollBar 的样式，4 个取值的含义如下。

① outsideInset：该 ScrollBar 显示在视图（view）的边缘，增加了 view 的 padding。如果可能，该 ScrollBar 仅仅覆盖这个 view 的背景。

② outsideOverlay：该 ScrollBar 显示在视图的边缘，不增加 view 的 padding，该 ScrollBar 将被半透明覆盖。

③ insideInset：该 ScrollBar 显示在 padding 区域中，增加了控件的 padding 区域，该 ScrollBar 不会和视图的内容重叠。

④ insideOverlay：该 ScrollBar 显示在内容区域中，不会增加控件的 padding 区域，该 ScrollBar 以半透明的样式覆盖在视图的内容上。

5.1.2 Adapter

列表的显示需要以下 3 个元素。

（1）ListView：用来展示列表的 View。

（2）Adapter：用来把数据映射到 ListView 上。

（3）数据：具体的将被映射的字符串、图片或者基本组件。

Adapter 是连接后端数据和前端显示的类，指定 ListView 控件中 Item 的数据内容，是数据和 UI（View）之间的一个重要纽带。在常见的 View（List View，Grid View 等）中都需要用到 Adapter。图 5-3 直观地表达了 Data、Adapter、View 三者的关系。

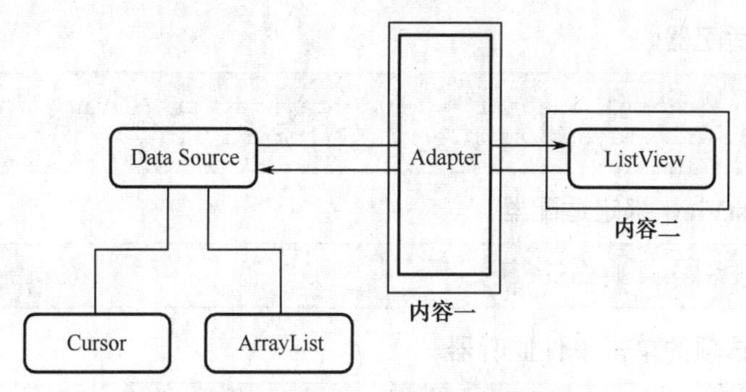

图 5-3 信息列表与 Adapter 的关系图

根据列表的适配器类型，分为三种：ArrayAdapter，SimpleAdapter 和 SimpleCursorAdapter。

其中，ArrayAdapter 最为简单，只能展示一行文字。SimpleAdapter 有最好的扩充性，可以自定义出各种效果。SimpleCursorAdapter 可以认为是 SimpleAdapter 对数据库的简单结合，可以方便地把数据库的内容以列表的形式展示出来。

1. ArrayAdapter

ArrayAdapter 的构造方法如下。

```
public ArrayAdapter(Context context, int textViewResourceId, List<T> objects)
```

参数含义如表 5-2 所示。

表 5-2　ArrayAdapter 构造方法的参数列表

参　数　值	关键字或名称的作用
context	ArrayAdapter 关联的 View 的运行环境
textViewResourceId	布局文件（注意：这里的布局文件描述的是列表的每一行的布局，android.R.layout.simple_list_item_1 是系统定义好的布局文件，只显示一行文字）
objects	数据源（一个 List 集合）

使用示例：

步骤 1　准备数据源。

有以下两种方式。

方式 1：

```
String[] data = { "first", "second", "third", "fourth", "fifth" }
```

方式 2：

```
private List<String> getData(){
List<String> data = new ArrayList<String>();
    data.add("First");
    data.add("Second");
    data.add("Third");
    data.add("Fourth");
    data.add("Fifth");
    return data;
}
```

步骤 2　创建适配器。

```
ArrayAdapter<String> adapter = new ArrayAdapter<String>(this,
        android.R.layout.simple_list_item_1, data);
```

步骤 3　为 ListView 绑定适配器。

```
ListView.setAdapter(adapter);
```

步骤 4　添加选项的单击事件监听器。

```
ListView.setOnItemClickListener(new OnItemClickListener() {
public void onItemClick(AdapterView<?> parent, View view, int position, long
id) {
    Log.i("TAG", data[position] + " postion=" + String.valueOf(position)
    + " row_id=" + String.valueOf(id));
    }
});
```

效果如图 5-4 所示。

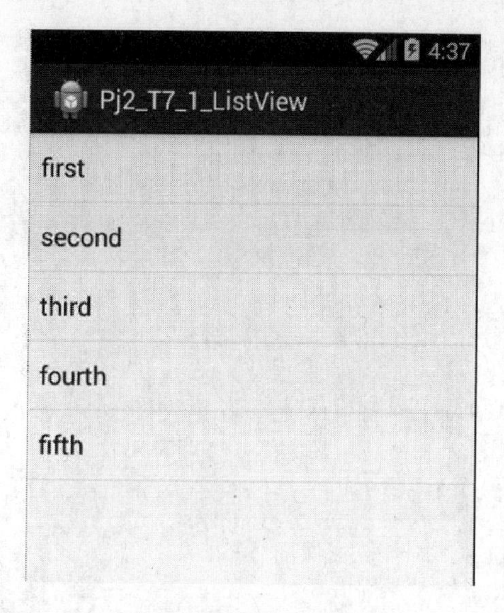

图 5-4　信息列表效果图

选择 Item 选项的结果如图 5-5 所示。

Tag	Text
TAG	second postion=1 row_id=1
TAG	fourth postion=3 row_id=3

图 5-5　选择 Item 选项的结果

2. SimpleAdapter

SimpleAdapter 类用来处理 ListView 显示的数据，这个类可以将任何自定义的 XML 布局文件作为列表项来使用。SimpleAdapter 类构造方法的原型如下。

```
    public SimpleAdapter(Context context, List<? extends Map<String, ?>> data,
int resource,  String[]  from, int[] to)
```

参数含义如表 5-3 所示。

表 5-3　SimpleAdapter 构造方法的参数列表

参 数 值	关键字或名称的作用
context	SimpleAdapter 关联的 View 的运行环境
data	一个 Map 组成的 List。列表中的每个条目对应列表中的一行，每一个 Map 中应该包含所有在 from 参数中指定的键
resource	一个定义列表项的布局文件的资源 ID。布局文件将至少包含那些在 to 中定义了的 ID
from	一个将被添加到 Map 映射上的键名
to	将绑定数据的视图的 ID 和 from 参数对应

使用示例：

步骤 1　准备数据源。

```
private ArrayList<Map<String, Object>> getData() {
    ArrayList<Map<String, Object>> list = new ArrayList<Map<String, Object>>();
    Map<String, Object> map = new HashMap<String, Object>();
      map.put("img", R.drawable.img1);
        map.put("title", "嵌入式课程");
        map.put("info", "基础课程");
        list.add(map);

        map = new HashMap<String, Object>();
        map.put("img", R.drawable.img2);
        map.put("title", "C语言课程");
        map.put("info", "基础语言");
        list.add(map);

        map = new HashMap<String, Object>();
        map.put("img", R.drawable.img3);
        map.put("title", "Java课程");
        map.put("info", "基础语言");
        list.add(map);

        map = new HashMap<String, Object>();
        map.put("img", R.drawable.img4);
        map.put("title", "Android课程");
        map.put("info", "移动开发核心课程");
        list.add(map);
        return list;
}
```

步骤 2 创建适配器。

```
SimpleAdapter mSchedule = new SimpleAdapter(this,
    // 数据来源
    getData(),
    // ListItem的XML实现
            R.layout.listview_custom,
    // 动态数组与ListItem对应的子项
            new String[]{"img", "title" ,"info"},
    // ListItem的XML文件中的两个TextView ID
            new int[]{ R.id.img, R.id.title, R.id.info });
```

listview_custom 布局代码如下。

```
<LinearLayout xmlns:android="http://schemas.android.com/apk/res/android"
    android:layout_width="fill_parent"
    android:layout_height="fill_parent"
    android:orientation="horizontal" >
    <ImageView
        android:id="@+id/img"
        android:layout_width="40dp"
        android:layout_height="40dp"
        android:layout_margin="3dp"
        android:scaleType="fitCenter"/>
    <LinearLayout
        android:layout_width="match_parent"
        android:layout_height="wrap_content"
        android:orientation="vertical" >
        <TextView
```

```
            android:id="@+id/title"
            android:layout_width="match_parent"
            android:layout_height="0dp"
            android:textSize="16sp"
            android:layout_weight="1"/>
        <TextView
            android:id="@+id/info"
            android:layout_width="match_parent"
            android:layout_height="0dp"
            android:textSize="12sp"
            android:layout_weight="1"/>
    </LinearLayout>
</LinearLayout>
```

步骤 3　为 ListView 绑定适配器。

```
ListView.setAdapter(adapter);
```

步骤 4　添加选项的单击事件监听器。

```
    ListView.setOnItemClickListener(new OnItemClickListener() {
            public  void  onItemClick(AdapterView<?>  parent,  View  view,  int
position, long id) {
            public void onItemClick(AdapterView<?> arg0, View arg1, int arg2,long
arg3)
    {
            setTitle("您感兴趣的课程是: " + temp.get(arg2).get("title").
    toString());
            DisplayToast("选中了第" + Integer.toString(arg2 + 1) + "项");
    }}
    });
    /* 显示 Toast 子函数 */
    public void DisplayToast(String str) {
       Toast.makeText(this, str, Toast.LENGTH_SHORT).show();
    }
```

效果如图 5-6 所示。

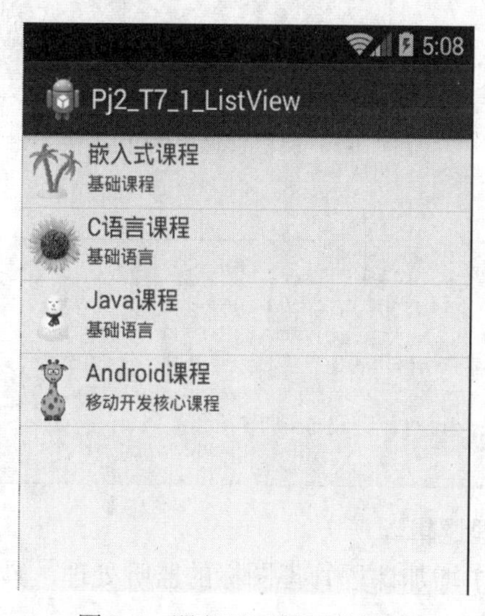

图 5-6　课程界面显示效果图

提 示

如果 Activity 中仅涉及 ListView 控件，则可以直接使用 ListActivity 类代替 Activity 类来完成相应界面，其内部默认包含一个 ListView 控件。

导入工程 T4_2_Fragment，重命名为 T5_1_ListView，子任务具体实现过程如下。

1．进入课程管理主界面

重构主界面处理逻辑，增加对课程管理图标的监听处理，单击图标，进入课程管理主界面，具体实现如下。

步骤 1　实现课程列表显示界面布局。

新建 course_manage.xml，添加 ListView 控件到布局文件中，如图 5-7 所示。

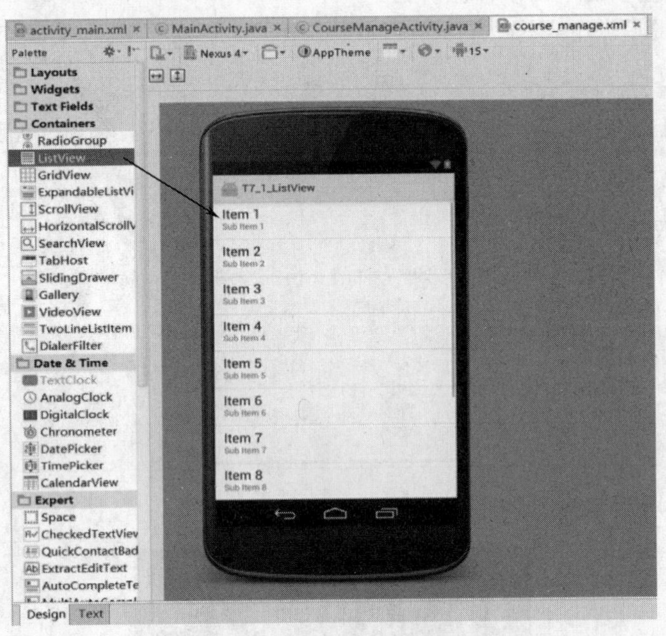

图 5-7　课程管理界面布局

界面布局具体实现如下。

```
<?xml version="1.0" encoding="utf-8"?>
<ListView xmlns:android="http://schemas.android.com/apk/res/android"
    android:layout_width="match_parent"
    android:layout_height="match_parent"
    android:id="@+id/lv"
    android:orientation="vertical">
</ListView>
```

步骤 2　重构主界面处理逻辑。

在主界面处理逻辑文件中增加课程管理图标的监听处理，具体实现如下。

```
imgBtn_course.setOnClickListener(new View.OnClickListener() {
    @Override
    public void onClick(View v) {
    Intent intent1 = new Intent(MainActivity.this,
    CourseManageActivity.class);
    startActivity(intent1);
}
})
```

步骤 3　实现课程列表显示逻辑处理。

CourseManageActivity 类是课程管理逻辑处理类，用于实现课程信息的列表显示，具体实现如下。

```
public class CourseManageActivity extends Activity {
    private ListView lv;
    @Override
    protected void onCreate(@Nullable Bundle savedInstanceState) {
        super.onCreate(savedInstanceState);
        setContentView(R.layout.course_manage);
        lv = (ListView) findViewById(R.id.lv);
        String[] data = getResources().getStringArray(R.array.classes);
        ArrayAdapter<String> arrayAdapter = new ArrayAdapter<String>(this,
android.R.layout.simple_dropdown_item_1line, data);
        lv.setAdapter(arrayAdapter);
    }
}
```

使用 ArrayAdapter 进行数据源的绑定，数据源采用静态数组的方式，在 array.xml 文件中增加如下数组资源。

```
<resources>
<string-array name="classes">
    <item>Android</item>
    <item>移动测试</item>
    <item>高等数学</item>
    <item>英语</item>
    <item>Java</item>
    <item>数据库</item>
    <item>情商管理</item>
    <item>心理健康</item>
    <item>体育</item>
    <item>移动 Web</item>
</string-array>
</resources>
```

2. 使用 SimpleAdapter 实现音乐列表显示

步骤 1　实现音乐列表显示界面布局。

音乐列表布局文件与上述课程列表布局文件实现方式相同，都需要在布局文件中包含一个 ListView 列表，不同的是，使用 SimpleAdapter 绑定数据源，需要增加一个显示 Item 的布局文件，具体内容如下。

```
<?xml version="1.0" encoding="utf-8"?>
<LinearLayout xmlns:android="http://schemas.android.com/apk/res/android"
```

```
        android:layout_width="match_parent"
        android:layout_height="match_parent"
        android:orientation="horizontal">
    <ImageView
          android:id="@+id/img"
          android:layout_width="0dp"
          android:layout_height="match_parent"
          android:layout_weight="1" />
    <TextView
          android:id="@+id/tv_title"
          android:layout_width="0dp"
          android:layout_height="match_parent"
          android:layout_weight="3"
          android:gravity="center" />
    </LinearLayout>
```

步骤 2　实现音乐列表显示逻辑处理。

实现音乐列表显示的处理逻辑，由类 MusicPlayerActivity 实现，具体实现如下。

```
    public class MusicPlayerActivity extends AppCompatActivity {
        private ListView lv;
        @Override
        protected void onCreate(@Nullable Bundle savedInstanceState) {
            super.onCreate(savedInstanceState);
            setContentView(R.layout.course_manage);
            lv = (ListView) findViewById(R.id.lv);
    SimpleAdapter simpleAdapter = new SimpleAdapter(this,
    getMenuData(),  R.layout.item,  new  String[]{"img",  "tv_title"},  new
int[]{R.id.img, R.id.tv_title});
            lv.setAdapter(simpleAdapter);
        }
        private List<Map<String, Object>> getMenuData() {
            List<Map<String, Object>> data = new ArrayList<>();
            Map<String, Object> item;
            item = new HashMap<>();
            item.put("tv_title", getString(R.string.music1));
            item.put("img", R.mipmap.img01);
            data.add(item);
            item = new HashMap<>();
            item.put("tv_title", getString(R.string.music2));
            item.put("img", R.mipmap.img02);
            data.add(item);
            item = new HashMap<>();
            item.put("tv_title", getString(R.string.music3));
            item.put("img", R.mipmap.img03);
            data.add(item);
            return data;
        }
    }
```

在本子任务中，首先介绍了 ListView 控件的应用场景和使用方法，即使用 ListView 控件进行信息展示的方法，然后介绍了几种适配器的使用，其中重点介绍了 ArrayAdapter 和 SimpleAdapter 的使用方法，通过学生空间 App 中课程列表显示和音乐列表显示的实战演练，加深了理解和应用，使用 ListView 通过绑定 Adapter 进行信息的展示是本子任务的重点，需要重点掌握。

1．思考题

（1）总结使用 ListView 进行信息显示的步骤。

（2）总结 Adapter 的作用及与 ListView 的关系。

（3）总结常用的两种 Adapter 及其特点。

（4）为 ListView 设置适配器的方法是________。

（5）选择 ListView 的一行 Item 的监听器的名称是________。

（6）ListView 的________属性可以改变 Item 的高度。

2．实操练习

（1）使用 ListView 和自定义 Adapter 完成列表信息的显示，界面如图 5-8 所示。

图 5-8　列表信息显示界面

（2）使用 ListActivity 完成列表信息的显示，界面如图 5-9 所示。

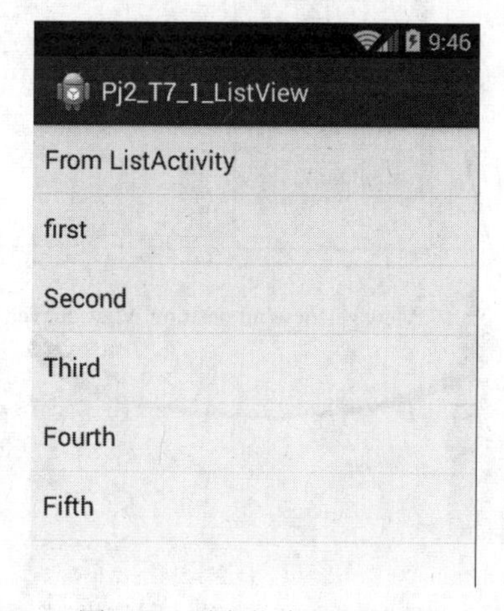

图 5-9　列表信息显示界面

3．扩展阅读

（1）ListView 中包含 Button 时的单击事件。

ListView 不仅仅是简单的文字，常常需要自己定义 ListView，使用自定义的 Adapter 继承 BaseAdapter，在 Adapter 中按照需求编写代码时，可能会发生选择某个 Item 的时候没有反应，无法获取焦点的现象，原因多半是由于在自定义的 Item 中存在诸如 ImageButton、Button、CheckBox 等子控件（也可以说是 Button 或者 Checkable 的子类控件），此时，这些子控件会获取到焦点，导致选择 Item 时变化的是子控件，Item 本身没有响应。

（2）优化 ListView，提升效率。

优化 View，通过持有者方式进行优化。

```
public View getView(int position, View convertView, ViewGroup parent) {
    ViewHolder holder;
    if (convertView == null) {
    convertView = mInflater.inflate(R.layout.list_item_icon_text, null);
    holder = new ViewHolder();
    holder.icon1 = (ImageView) convertView.findViewById(R.id.icon1);
    holder.text1 = (TextView) convertView.findViewById(R.id.text1);
    convertView.setTag(holder);
    }else{
    holder = (ViewHolder)convertView.getTag();
      }
      holder.icon1.setImageResource(R.drawable.icon);
      holder.text1.setText(mData[position]);
      return holder;
}
static class ViewHolder {
    TextView text1;
    ImageView icon1;
}
```

convertView 回收机制如图 5-10 所示。

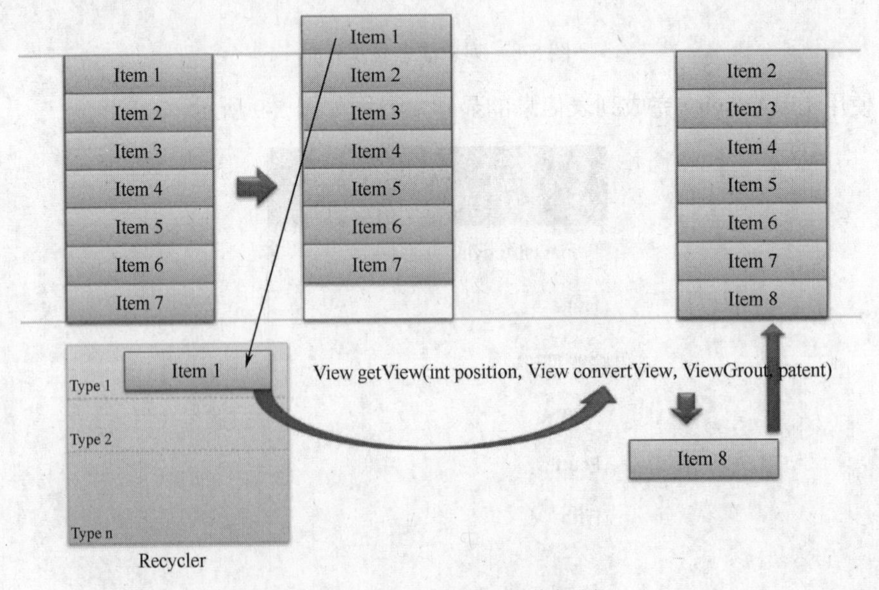

图 5-10　convertView 回收机制

当为 ListView 加上背景图片，或者背景颜色时，滚动 ListView 会变为黑色，原因如下：滚动时，列表里面的 View 重绘时，使用的仍然是系统默认的透明色，颜色值为#FF191919，要改变这种情况，只需调用 ListView 的 setCacheColorHint(0)，颜色值设置为 0 或者在 XML 文件中将 ListView 的属性设置为 android:cacheColorHint="#00000000"即可。

任务 T5-2　Spinner 控件和 GridView 控件

■ 掌握 Spinner 控件的使用方法及其应用场景；
■ 掌握 GridView 控件的使用方法及其应用场景。

本子任务是在学生空间 App 的个人信息维护界面中增加个人籍贯信息选择功能，如图 5-11 所示。

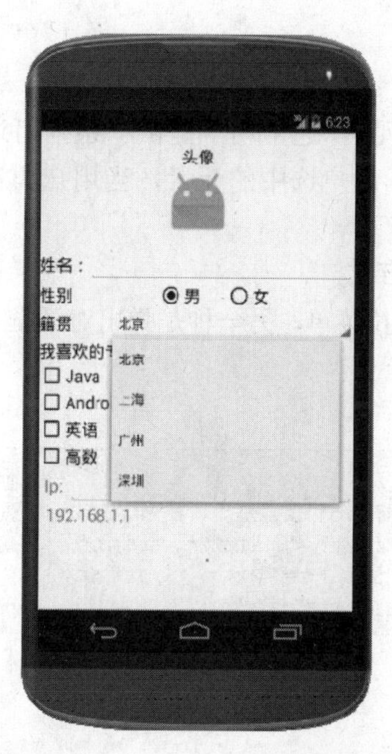

图 5-11　Spinner 应用界面

在个人信息维护界面中增加个人头像图片信息选择功能，单击头像选择按钮，显示头像图片列表，选中其中的一张图片，更新个人信息维护界面中的头像信息，如图 5-12 所示。

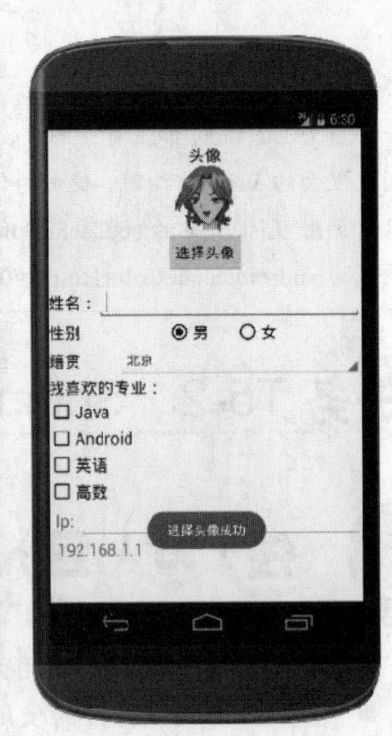

图 5-12　GridView 应用界面

5.2.1 Spinner 控件

Spinner 控件用于显示下拉列表，通常用于提供一系列可选择的列表项，供用户进行选择，从而方便用户操作。每次只显示用户选中的元素，当用户再次单击时，会弹出选择列表供用户选择。

1．Spinner 控件菜单显示方式

有两种显示形式：一种是下拉菜单，另一种是弹出对话框。菜单显示形式是由 spinnerMode 属性决定的。

（1）弹出的 Spinner：

```
<Spinner
        android:id="@+id/spinner1"
        android:layout_width="match_parent"
        android:layout_height="wrap_content"
        android:spinnerMode="dialog" />
```

效果如图 5-13 所示。

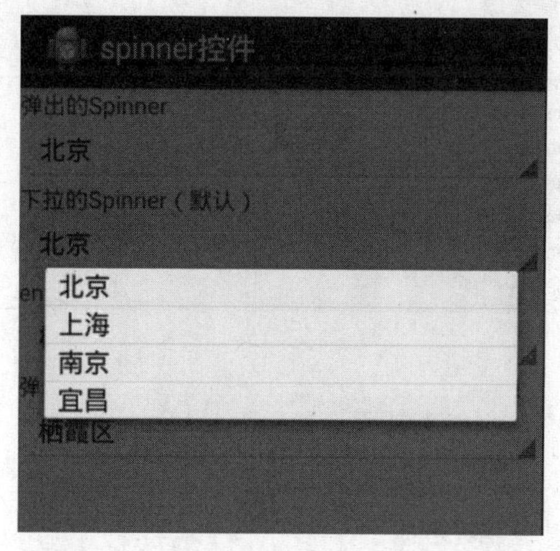

图 5-13　弹出的 Spinner 界面

弹出的对话框如果需要带标题，则应该设置 prompt 属性信息。

```
android:prompt="@string/title"
```

（2）下拉的 Spinner：

```
<Spinner
        android:id="@+id/spinner2"
        android:layout_width="match_parent"
        android:layout_height="wrap_content"
        android:spinnerMode="dropdown" />
```

效果如图 5-14 所示。

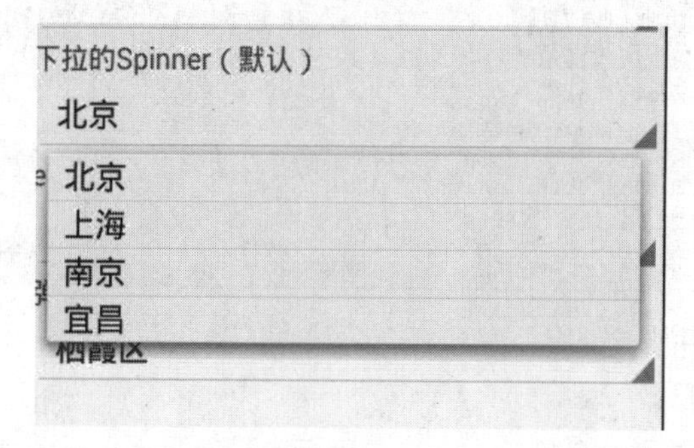

图 5-14　下拉的 Spinner 界面

2．Spinner 控件数据源的设置

有两种设置方式：一种是使用数组资源，另一种是通过 Adapter 绑定数据。

（1）使用数组资源：设置 Spinner 控件的 entries 属性为需要使用的数组资源。

```
<Spinner
        android:id="@+id/spinnerBase2"
        android:layout_width="match_parent"
        android:layout_height="wrap_content"
        android:entries="@array/beijing" />
```

使用的数组资源如下：

```
<string-array name="beijing">
<item>栖霞区</item>
<item>鼓楼区</item>
<item>江宁区</item>
<item>秦淮区</item>
</string-array>
```

效果如图 5-15 所示。

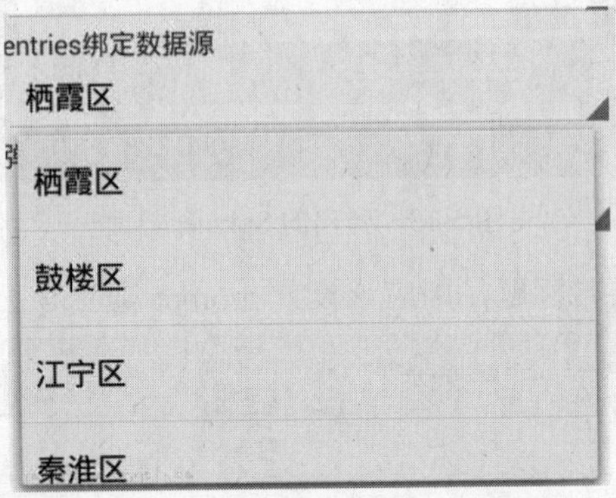

entries绑定数据源
栖霞区
栖霞区
鼓楼区
江宁区
秦淮区

图 5-15 Spinner 使用数组绑定数据源

（2）通过 Adapter 绑定数据。

① 使用 ArrayAdapter 绑定数据源。首先，定义数据源如下。

```
    private List<String> getData() {
        // 数据源
        List<String> dataList = new ArrayList<String>();
        dataList.add("北京");
        dataList.add("上海");
        dataList.add("南京");
        dataList.add("宜昌");
        return dataList;
    }
```

其次，定义适配器并绑定。

```
//定义适配器
ArrayAdapter<String> adapter = new ArrayAdapter<String>(
   SpinnerBaseActivity.this, android.R.layout.simple_spinner_item,
   getData());
   //设置 Spinner 展开时下拉菜单的样式
   adapter.setDropDownViewResource(android.R.layout.
                        simple_dropdown_item_1line);
   // 绑定 Adapter 到 Spinner 中
   spinner.setAdapter(adapter);
```

效果如图 5-16 所示。

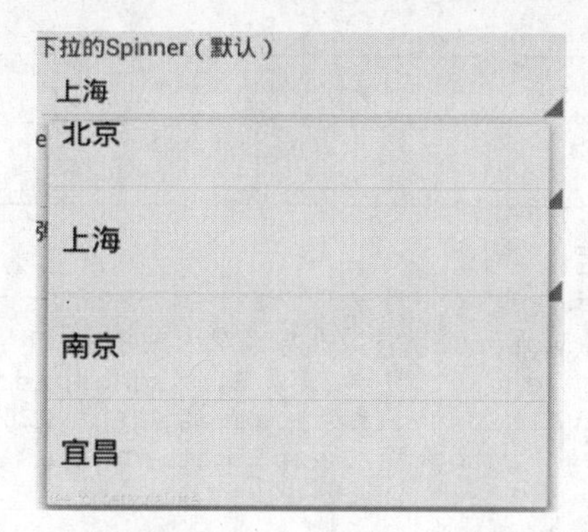

图 5-16　Spinner 使用 ArrayAdapter 绑定数据源

② 使用 SimpleAdapter 绑定数据源。

首先，创建 item.xml 布局。

```
<LinearLayout xmlns:android="http://schemas.android.com/apk/res/android"
    android:layout_width="match_parent"
    android:layout_height="wrap_content"
    android:orientation="horizontal" >
    <ImageView
        android:id="@+id/imageview"
        android:layout_width="60dp"
        android:layout_height="60dp"
        android:paddingLeft="10dp"
        android:src="@drawable/ic_launcher" />
    <TextView
        android:id="@+id/textview"
        android:layout_width="match_parent"
        android:layout_height="wrap_content"
        android:gravity="center_vertical"
        android:paddingLeft="10dp"
        android:textColor="#000"
        android:textSize="16sp" />
</LinearLayout>
```

其次，定义数据源。

```
public List<Map<String, Object>> getData() {
        // 生成数据源
        List<Map<String,  Object>>  list  =  new  ArrayList<Map<String,
Object>>();
        // 每个 Map 结构为一条数据，key 与 Adapter 中的 String 数组中定义的一一对应
        Map<String, Object> map = new HashMap<String, Object>();
        map.put("ivLogo", R.drawable.bmp1);
        map.put("applicationName", "表情 1");
        list.add(map);

        map = new HashMap<String, Object>();
        map.put("ivLogo", R.drawable.bmp2);
        map.put("applicationName", "表情 2");
        list.add(map);

        map = new HashMap<String, Object>();
        map.put("ivLogo", R.drawable.bmp3);
        map.put("applicationName", "表情 3");
```

```
        list.add(map);
        return list;
    }
```

再次，定义适配器并绑定。

```
    // 声明一个 SimpleAdapter，设置数据与其对应关系
    SimpleAdapter simpleAdapter = new SimpleAdapter(
        SpinnerAdapterActivity.this, getData(), R.layout.items,
        new String[] { "ivLogo", "applicationName" }, new int[] {
        R.id.imageview, R.id.textview });
    // 绑定 Adapter 到 Spinner 中
    spinner.setAdapter(simpleAdapter);
```

最后，添加 Spinner 列表并选中事件监听器。

```
 spinner.setOnItemSelectedListener(new OnItemSelectedListener() {
        @Override
        public void onItemSelected(AdapterView<?> parent, View view,
            int position, long id) {
        // parent 为一个 Map 结构的数据
        @SuppressWarnings("unchecked")
        Map<String, Object> map = (Map<String, Object>) parent.
 getItemAtPosition(position);

Toast.makeText(SpinnerAdapterActivity.this,map.get("applicationName").
 toString(),Toast.LENGTH_SHORT).show();
        }
        @Override
        public void onNothingSelected(AdapterView<?> arg0) {
            }
    });
```

效果如图 5-17 所示。

图 5-17　Spinner 使用 SimpleAdapter 绑定数据源

5.2.2 GridView 控件

GridView 控件用于显示一个网格。实际上，GridView 与前面介绍的 ListView、Spinner 等控件的使用方法相似，只是 GridView 在显示方式上有所不同。GridView 控件采用二维表的方式显示列表项（也可称为单元格），每一个单元格是一个 View 对象，在单元格上可以放置任何 Android SDK 支持的控件。

在 XML 文件中添加 GridView 控件的代码如下。

```
<GridView
        android:id="@+id/GridView1"
        android:layout_width="wrap_content"
        android:layout_height="wrap_content"
        android:gravity="center"
        android:horizontalSpacing="10dp"
        android:numColumns="3"
        android:stretchMode="columnWidth"
        android:verticalSpacing="5dp" />
```

常用属性信息如表 5-4 所示。

表 5-4 GridView 常用属性信息

序 号	属 性 名 称	作 用 描 述
1	android:numColumns	设置列数，取值为“auto_fit”时，表示列数设置为自动
2	android:columnWidth	用于设置列的宽度
3	android:stretchMode	缩放模式
4	android:verticalSpacing	两行之间的间距
5	android:horizontalSpacing	两列之间的间距
6	android:gravity	设置对齐方式

GridView 一般用于显示图片等内容，如实现九宫格图等，GridView 进行信息显示也需要绑定 Adapter，对 GridView 每一项的单击进行响应处理。

```
gridView.setOnItemClickListener(new OnItemClickListener() {
public void onItemClick(AdapterView<?> parent, View view, int position,
long id) {
    // 具体单击事件的处理逻辑
    }
});
```

使用示例：

设置一个图像选择集，当单击某个单元格后，该单元格中的图像将被放大显示在这个 ImageView 控件中，如图 5-18 所示。

图 5-18　图像选择器界面

步骤 1　创建主布局 GridView_Activity.xml 文件。

GridView_Activity.xml 代码内容如下。

```
<LinearLayout xmlns:android="http://schemas.android.com/apk/res/android"
    android:layout_width="match_parent"
    android:layout_height="match_parent"
    android:orientation="vertical" >
    <LinearLayout
        android:layout_width="match_parent"
        android:layout_height="match_parent"
        android:layout_weight="1" >
        <GridView
            android:id="@+id/GridView1"
            android:layout_width="wrap_content"
            android:layout_height="wrap_content"
            android:gravity="center"
            android:horizontalSpacing="10dp"
            android:numColumns="3"
            android:stretchMode="columnWidth"
            android:verticalSpacing="5dp" />
    </LinearLayout>
    <LinearLayout
        android:layout_width="wrap_content"
        android:layout_height="match_parent"
        android:layout_gravity="center_vertical|center_horizontal"
        android:layout_weight="2" >
        <ImageView
            android:id="@+id/imageView1"
            android:layout_width="180dp"
            android:layout_height="180dp"
            android:layout_gravity="center" />
    </LinearLayout>
</LinearLayout>
```

步骤 2　创建每一项的布局 Item.xml 文件。

Item.xml 代码内容如下。

```
<LinearLayout xmlns:android="http://schemas.android.com/apk/res/android"
    android:layout_width="match_parent"
    android:layout_height="match_parent"
    android:orientation="vertical" >
    <ImageView
        android:id="@+id/imageView1"
        android:layout_width="80dp"
        android:layout_height="80dp"
        android:src="@drawable/ic_launcher" />
</LinearLayout>
```

步骤 3　准备数据源。

```
private List<Map<String,Object>> listData= null;
private int[] imgId =  {R.drawable.scenery_01,R.drawable.scenery_02,
    R.drawable.scenery_03,R.drawable.scenery_04,
    //……具体代码略
    R.drawable.scenery_11,R.drawable.scenery_12};
public ArrayList<Map<String,Object>> getData(){
listData = new ArrayList<Map<String,Object>>();
for (int i = 0; i < imgId.length; i++) {
        HashMap<String, Object> map = new HashMap<String,Object>();
        map.put("img", imgId[i]);
        listData.add(map);
     }
     return (ArrayList<Map<String, Object>>) listData;
}
```

步骤 4　创建适配器并绑定。

```
//创建 Adapter
SimpleAdapter adapter = new SimpleAdapter(MainActivity.this,
        getData(), R.layout.item,
        new String[]{"img"},
        new int[]{R.id.imageView1});
//绑定 Adapter 到 GridView 中
gridView.setAdapter(adapter);
```

步骤 5　添加监听器。

```
gridView.setOnItemClickListener(new OnItemClickListener() {
    public void onItemClick(AdapterView<?> parent, View view, int position,
    long id) {
    // TODO Auto-generated method stub
    imgView.setImageResource(imgId[position]);
    }
});
```

（1）导入工程 T2_2_Personal，重命名为 T5_2_Spinner，重构个人信息界面布局，增加个

人籍贯信息选择功能。具体实现过程如下。

步骤 1　重构界面布局文件。

在个人信息维护界面布局文件中增加 Spinner 列表控件，如图 5-19 所示。

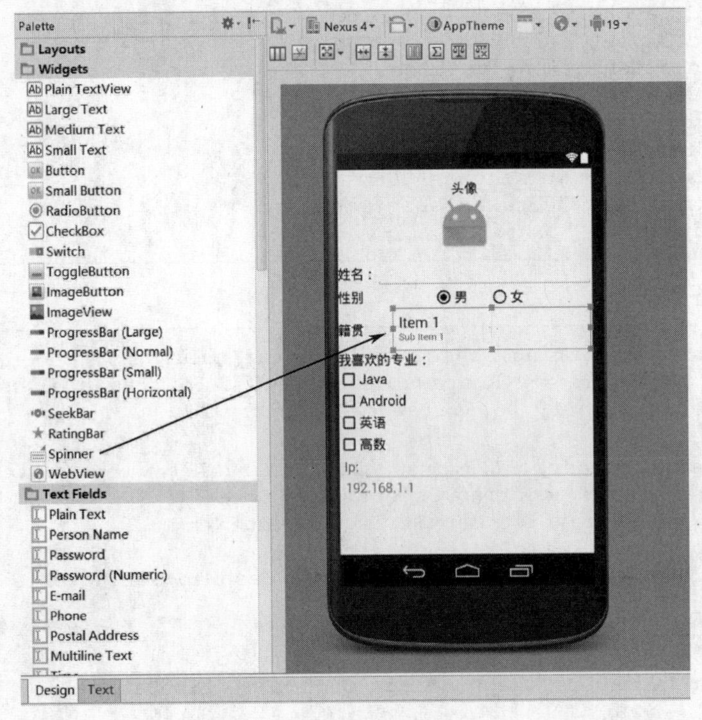

图 5-19　Spinner 界面布局

布局的新增内容如下。

```
<LinearLayout
        android:layout_width="match_parent"
        android:layout_height="wrap_content"
        android:gravity="center"
        android:orientation="horizontal">
<TextView
            android:layout_width="0dp"
            android:layout_height="wrap_content"
            android:layout_weight="2"
            android:text="籍贯"
            android:textColor="@android:color/black"
            android:textSize="20sp" />
<Spinner
            android:id="@+id/dynamic_spinner"
            android:layout_width="0dp"
            android:layout_height="wrap_content"
            android:layout_centerInParent="true"
            android:layout_marginLeft="10dp"
            android:layout_weight="8"
            android:entries="@array/spingarr"></Spinner>
</LinearLayout>
```

使用 entries 绑定数据源，数据源内容如下。

```
<resources>
    <string-array name="spingarr">
    <item>北京</item>
    <item>上海</item>
    <item>广州</item>
    <item>深圳</item>
    </string-array>
</resources>
```

步骤 2　重构逻辑处理文件，响应 Item 选择事件。

在逻辑处理文件中增加如下处理。

```
    private Spinner spinner;
    spinner = (Spinner) findViewById(R.id.dynamic_spinner);
    spinner.setOnItemSelectedListener(new
AdapterView.OnItemSelectedListener() {
    @Override
        public void onItemSelected(AdapterView<?> parent, View view,
        int position, long id) {
        String str = parent.getItemAtPosition(position).toString();
        Toast.makeText(MainActivity.this, str, Toast.LENGTH_SHORT).show();
            }
        @Override
        public void onNothingSelected(AdapterView<?> parent) {
        }
    });
```

（2）导入工程 T5_2_Spinner，重命名为 T5_3_GridView，重构个人信息界面布局，增加个人头像图片信息选择功能。具体实现过程如下。

步骤 1　重构界面布局文件。

在个人信息维护界面头像下方增加一个按钮控件，如图 5-20 所示。

图 5-20　重构界面布局

步骤 2　新增列表信息显示布局文件。

布局文件为 ay_choose.xml，该布局中包含一个 GridView 控件，布局内容如下。

```
<GridView xmlns:android="http://schemas.android.com/apk/res/android"
    android:id="@+id/gv"
    android:layout_width="match_parent"
    android:layout_height="match_parent"
    android:horizontalSpacing="10dp"
    android:numColumns="3"
    android:verticalSpacing="10dp" >
</GridView>
```

新增 GirdView 的 Item 布局文件，布局内容如下。

```
<LinearLayout xmlns:android="http://schemas.android.com/apk/res/android"
    android:layout_width="match_parent"
    android:layout_height="match_parent"
    android:gravity="center"
    android:orientation="vertical" >
<ImageView
        android:id="@+id/choose_icon"
        android:layout_width="wrap_content"
        android:layout_height="wrap_content"
android:src="@mipmap/img01" />
<TextView
        android:id="@+id/choose_tv"
        android:layout_width="wrap_content"
        android:layout_height="wrap_content"
        android:text="img01" />
</LinearLayout>
```

步骤 3　实现列表信息显示逻辑处理。

新增按钮的监听事件，跳转到 GridView 列表显示界面，并获得选择的具体图片信息的结果，具体实现如下。

① 设置监听器，进行界面跳转。

```
btn_choose.setOnClickListener(new View.OnClickListener() {
    @Override
    public void onClick(View v) {
    Intent intent = new Intent(MainActivity.this, ChooseActivity.class);
    startActivityForResult(intent, REQUESTCODE);
    }
});
```

② 使用 GridView 进行图片信息列表显示。

```
public class ChooseActivity extends Activity {
    private GridView gv;
    private List<Integer> imgLists = new ArrayList<Integer>();
    @Override
    protected void onCreate(Bundle savedInstanceState) {
        super.onCreate(savedInstanceState);
        setContentView(R.layout.ay_choose);
        imgLists.clear();
        //为数据源添加数据信息
        imgLists.add(R.mipmap.img01);
```

```
        imgLists.add(R.mipmap.img02);
        imgLists.add(R.mipmap.img03);
        imgLists.add(R.mipmap.img04);
        gv = (GridView) findViewById(R.id.gv);
        //绑定自定义的适配器
        gv.setAdapter(new MyAdapter());
        //添加 Item 选择事件监听器
        gv.setOnItemClickListener(new OnItemClickListener() {
            @Override
            public void onItemClick(AdapterView<?> parent, View view,
                                    int position, long id) {
                Intent intent = getIntent();
                Bundle bundle = new Bundle();
                bundle.putInt("img", imgLists.get(position));
                intent.putExtras(bundle);
                setResult(MainActivity.REQUESTCODE, intent);
                Toast.makeText(ChooseActivity.this, "选择头像成功",
                        Toast.LENGTH_LONG).show();
                finish();
            }
        });
    }
}
```

自定义适配器实现如下。

```
    class MyAdapter extends BaseAdapter {
        @Override
        public int getCount() {
            return imgLists.size();
        }
        @Override
        public Object getItem(int position) {
            return position;
        }
        @Override
        public long getItemId(int position) {
            return imgLists.get(position);
        }
        @Override
        public View getView(int position, View convertView, ViewGroup parent)
{
            if (convertView == null) {
                convertView = View.inflate(ChooseActivity.this, R.layout.gv_item,
                        null);
                ImageView imageView = (ImageView)
                        convertView.findViewById(R.id. choose_icon);
              TextView tv = (TextView) convertView.findViewById(R.id.choose_tv);
                imageView.setImageResource(imgLists.get(position));
                tv.setText("img" + position);
            }
            return convertView;
        }
    }
```

③ 对返回的结果进行处理，即设置选择的图片为个人头像，具体实现如下。

```
protected void onActivityResult(int requestCode, int resultCode, Intent data) {
      super.onActivityResult(requestCode, resultCode, data);
      if (requestCode == REQUESTCODE && resultCode == REQUESTCODE) {
            Bundle bundle = data.getExtras();
            int imgResult = bundle.getInt("img");
            img_head.setImageResource(imgResult);
      }
 }
```

在本子任务中，首先介绍了 Spinner 控件的应用场景和使用方法，包括 Spinner 控件信息展示的样式和不同方式的数据绑定方法，然后介绍了 GridView 控件的使用，并通过学生空间 App 中个人信息维护界面相关实战演练，加深了理解和应用，其中 Spinner 控件和 GridView 控件通过 Adapter 绑定数据源进行信息展示是本子任务的重点，需要重点掌握。

1. 思考题

（1）Spinner 控件有哪两种菜单显示方式，如何实现？

（2）Spinner 控件有哪两种数据绑定方式，如何实现？

（3）总结使用 Spinner 控件进行信息展示的方法和步骤。

（4）列举 GridView 的常用属性，以及其显示效果。

（5）总结使用 GridView 控件进行信息展示的方法和步骤。

2. 实操练习

使用 GridView 和 SimpleAdapter 实现如图 5-21 所示的九宫格(图片可以任意)。

图 5-21　九宫格练习

任务 T6

Android 的广播和服务

BroadcastReceiver（广播接收器）和 Service（服务）都是 Android 的重要组件。BroadcastReceiver 用来接收来自系统和应用中的广播，在本任务中通过注册广播接收器，实现广播的收发。Service 是一个没有用户界面而在后台运行的应用组件，本任务中通过实现学生空间 App 中音乐播放器的音乐播放功能，了解服务的启动、停止等功能的实现方式。

任务 T6-1 Android 广播接收器

- 了解 Android Broadcast 的概念与应用。
- 掌握 BroadcastReceiver 的注册方法。
- 掌握 Broadcast 的收发方法。

完成以下任务：

- 单击“Regist BroadcastReceiver”按钮注册广播接收器。
- 单击“Send Message”按钮发送广播，并在接收到广播之后弹出 Toast 提示。
- 单击“Unregist BroadcastReceiver”按钮注销广播接收器。
- 如果用户在注册广播接收器之前先单击了“Unregist BroadcastReceiver”按钮，则弹出相应的 Toast 提示。

具体效果如图 6-1 所示。

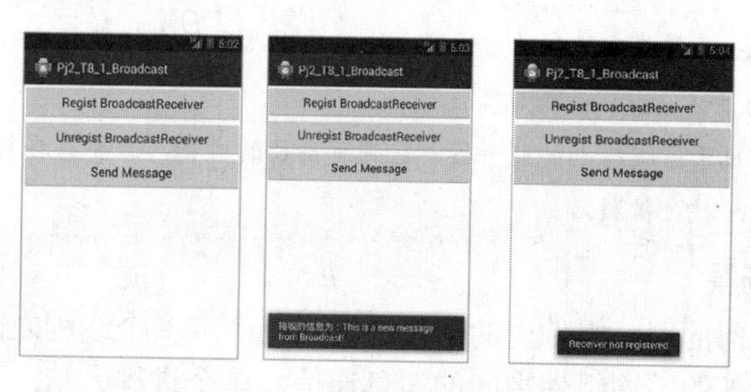

图 6-1　Android 广播效果图

6.1.1 Android 广播机制

BroadcastReceiver 是 Android 系统的四大组件之一，其本质上是一种全局的监听器，用于监听系统全局的广播消息。由于 BroadcastReceiver 是一种全局的监听器，因此，它可以很方便地实现系统各个组件之间的通信，以及实现系统组件和应用程序间或应用程序与应用程序间的通信。

> **提 示**
>
> 我们以现实生活中的广播电台来做个比喻。我们平常使用收音机收音的过程是这样的：许许多多不同的广播电台通过特定的频率来发送其内容，而用户只需要将频率调成和广播电台的一样就可以收听了。Android 中的广播机制就和收音机的机制差不多。
>
> 电台发送的内容是语音，而在 Android 中要发送的广播内容包含一个 Intent，这个 Intent 中可以携带要传送的数据。电台通过大功率的发射器发送内容，而在 Android 中则通过 sendBroadcast 方法来发送。用户通过调整到具体的电台频率接收电台的内容，而在 Android 中要接收广播中的内容是通过注册一个 BroadcastReceiver 来实现的，并且只有发送广播的 action 和接收广播的 action 相同，接收者才能接收这个广播。

1．广播的作用

广播可实现系统组件之间、组件和应用程序之间及应用程序与应用程序之间的通信，即用来传输数据。

广播实现不同的程序之间的数据传输与共享，因为只要是和发送广播的 action 相同的接收者都能接收这个广播。典型的应用就是 Android 自带的短信、电话等广播，只要实现了它们的 action 的 BroadcastReceieve，就能接收它们的数据，并做出一些处理，如拦截系统短信、拦截骚扰电话等。

广播还起到通知的作用，如在 Service 中要通知主程序、更新主程序的 UI 等。因为 Service 是没有界面的，所以不能直接获得主程序中的控件，这样只能在主程序中实现一个广播接收器，以专门用来接收 Service 发送过来的数据和通知。

> **提 示**
>
> 各种 OnXxxListener 只是程序级别的监听器，这些监听器运行在指定程序所在的进程中，当程序退出时，监听器也就关闭了。
>
> BroadcastReceiver 属于系统级别的监听器，它拥有自己的进程，只要存在与之匹配的 Intent 被广播出来，BroadcastReceiver 就会被激活。

2．广播的应用场景

（1）同一 App 内部的同一组件内的消息通信（单个或多个线程之间）。

（2）同一 App 内部的不同组件之间的消息通信（单个进程）。

（3）同一 App 具有多个进程的组件之间的消息通信。

（4）不同 App 之间的组件之间的消息通信。

（5）Android 系统在特定情况下与 App 之间的消息通信。

3．广播的处理流程

先注册一个广播接收器，再在 onReceive 方法中响应广播事件，如图 6-2 所示。

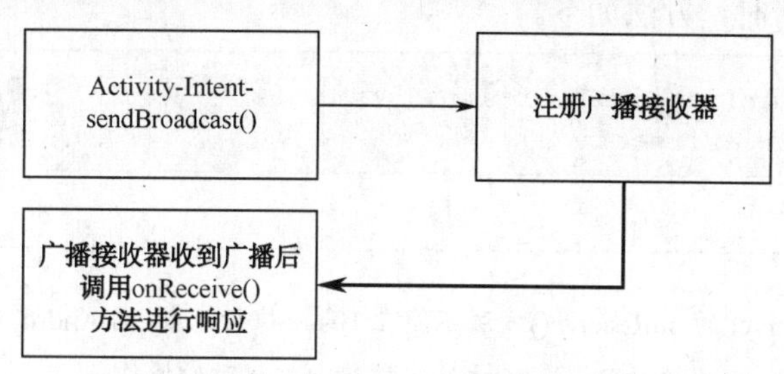

图 6-2　Android 广播处理流程图

6.1.2　Android 广播的实现

BroadcastReceiver 用于接收程序（包括用户开发的程序和系统内建的程序）所发出的 Broadcast。

1．广播的创建和发送

首先创建 BroadcastReceiver 的 Intent，然后调用 Context 的 sendBroadcast()方法发送 Intent。

广播创建和发送的核心代码如下。

```
Intent intent = new Intent();
intent.setAction("...");
Context.sendBroadcast(intent);
```

2．广播接收器的创建和注册

广播接收器的创建十分简单，只要重写 BroadcastReceiver 的 onReceive(Context context, Intent intent)方法即可，如下所示。

```
public class MyReceiver extends BroadcastReceiver{
   @Override
      public void onReceive(Context context, Intentntent){
         Bundle bundle = intent.getExtras();
                     //...
      }
}
```

广播接收器的注册有两种形式，分别是在 XML 中静态注册和在程序中动态注册。它们之间的区别就是作用的范围不同，程序动态注册的接收者只在程序运行过程中有效，而在 XML 中注册的接收者不管程序有没有启动都会起作用。

在 AndroidManifest.xml 中静态注册 BroadcastReceiver 的方法如下。

```
<receiver android:name=".MyReceiver">
   <intent-filter>
       <action android:name="org.crazyit.action.CRAZY_BROADCAST" />
   </intent-filter>
</receiver>
```

在程序中动态注册时，方法如下。

```
registerReceiver(receiver, filter);                    //注册广播接收器
unregisterReceiver(receiver);                          //取消注册广播接收器
```

提示

如果 BroadcastReceiver 的 onReceive()方法不能在 10s 内执行完成，则 Android 会认为该程序无响应，因此不要在 BroadcastReceiver 的 onReceive()方法中执行一些耗时的操作。

如果确实需要根据 Broadcast 完成一些比较耗时的操作，则可以考虑通过 Intent 启动 Service 来完成，不建议使用新线程完成耗时的操作，因为 BroadcastReceiver 的生命周期比较短，可能会出现线程还未结束而 BroadcastReceiver 就已经退出的情况。

步骤 1　定义广播接收器。

```
public class ReceiveBroadCast extends BroadcastReceiver{
   @Override
   public void onReceive(Context context, Intent intent) {
       // TODO Auto-generated method stub
       Toast.makeText(context, "接收的信息为: "+intent.getStringExtra("msg"),
               Toast.LENGTH_LONG).show();
   }
}
```

步骤 2　注册 **BroadcastReceiver**。

```
public void registBroadcastReceiver(){
     receiveBroadcast = new ReceiveBroadCast();
     IntentFilter filter = new IntentFilter();
     filter.addAction(Tag);
     registerReceiver(receiveBroadcast,filter);
}
```

步骤 3　发送广播。

```
public void sendMsg(){
     Intent intent = new Intent();
     intent.putExtra("msg", "This is a new message from Broadcast!");
     intent.setAction(Tag);
     sendBroadcast(intent);
}
```

步骤 4　注销 **BroadcastReceiver**，若没有注册 **BroadcastReceiver**，给出相应的错误提示。

```
public void unregistBroadcastReceiver(){
    try{
        unregisterReceiver(receiveBroadcast);
    }catch (IllegalArgumentException e) {
        if (e.getMessage().contains("Receiver not registered")) {
            Toast.makeText(this, "Receiver not registered",
                            Toast.LENGTH_LONG).show();
        } else {
            throw e;
        }
    }
}
```

本子任务主要介绍了 Android 系统的四大组件之一——BroadcastReceiver。首先通过和现实生活中的广播电台对比的方式，生动形象地介绍了 Android 系统的广播机制及应用场景；然后分别讲解了 BroadcastReceiver 的注册方法、Broadcast 的收发方法，并通过一个 Broadcast 案例描述了具体的使用步骤，从而加深了读者的理解。

1．填空题

（1）广播的发送有两种方式，分别为________和________。

（2）代码注册广播需要使用________方法，解除广播需要使用________方法。

（3）继承 BroadcastReceiver 会重写________方法。

（4）广播接收者优先级是在________属性中声明的。

2．选择题

（1）关于广播的作用，说法正确的是（　　）。

A．它主要用来接收系统发布的一些消息

B．它可以进行耗时的操作

C．它可以启动一个 Activity

D．它可以帮助 Activity 修改用户界面

（2）关于 BroadcastReceiver 的说法中错误的是（　　）。

A．用来接收广播 Intent

B．一个广播 Intent 只能被一个订阅此广播的 BroadcastReceiver 接收

C．对于有序广播，系统会根据接收者声明的优先级按顺序逐个执行接收者

D．广播接收者优先级数值越大优先级别越高

（3）在清单文件中，注册广播使用的节点是（　　）。

A．<activity>　　　　B．<broadcast>

C．<receiver>　　　　D．<broadcastreceiver>

3．思考题

（1）总结 Android 的广播机制及应用场景。

（2）总结 Android 广播的收发方法。

（3）简要说明注册广播有几种方式，这些方式各有何优缺点。

（4）简要说明接收系统广播时需要哪些功能的使用权限。

任务 T6-2　Android 服务

■ 了解 Android 服务的基本概念；
■ 掌握 Android 服务的生命周期；
■ 掌握 Android 服务的使用方法；
■ 了解如何访问系统核心服务。

本子任务主要是实现学生空间 App 的音乐播放器的音乐播放功能，可以实现对音乐的播放、暂停、继续播放、停止的控制，如图 6-3 所示。

图 6-3　音乐播放功能界面

6.2.1　Service 的基本概念

Service 组件有些类似于 Windows 的服务。Service 是 Android 四大组件中与 Activity 最相似的组件，它们的区别在于：Service 一直在后台运行，没有用户界面。一旦 Service 被启动，它就与 Activity 一样，也具有自己的生命周期。在开发过程中，对 Activity 与 Service 的选择标准如下：如果某个程序组件需要在运行时向用户呈现某种界面，或者该程序需要与用户交互，就需要使用 Activity，否则应该考虑的使用 Service。

启动 Service 有两种方式："启动的"和"绑定"。

（1）通过 startService()启动的服务处于"启动的"服务，一旦启动，Service 就会在后台运行，即使启动它的应用组件已经被销毁了。当任务完成时，为了节省系统资源，一定要停用 Service，可以通过 stopSelf()停用，也可以在其他组件中通过 stopService()停用。

（2）"绑定"的服务 Service，通过调用 bindService()启动，一个绑定的 Service 提供一个允许组件与 Service 交互的接口，可以发送请求、获取返回结果。绑定的 Service 只有当应用组件绑定后才能运行，多个组件可以绑定一个 Service，当调用 unbind()方法时，这个 Service 就会被销毁。

6.2.2　Service 的生命周期

Service 具有自己的生命周期，如图 6-4 所示。

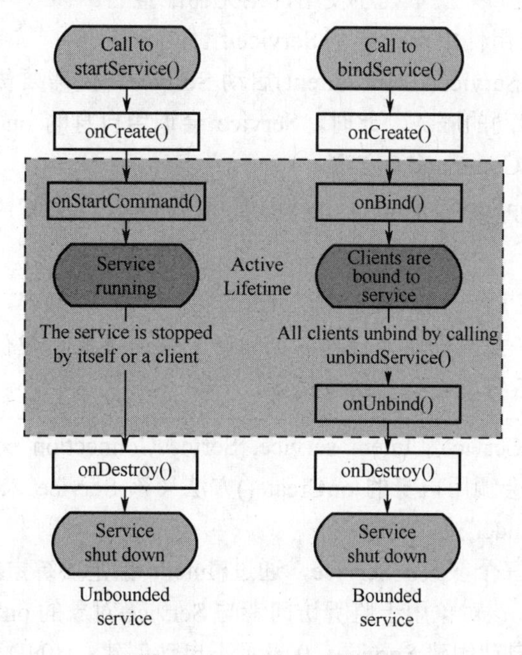

图 6-4　Service 生命周期

Service 服务的开发大部分工作就围绕这些定义生命周期的方法进行操作。

（1）void onCreate()：当该 Service 第一次被创建后将立即回调该方法。

（2）void onStartCommand(Intent intent,int flags,int startId)：每次通过 startService()方法启动 Service 时都会被回调。

（3）void onDestroy()：当 Service 被关闭前会被回调。

（4）abstract IBinder onBind(Intent intent)：该方法是 Service 子类必须实现的方法，如果不需要通过绑定的方式启动服务，则可以返回 Null。

（5）boolean onUnbind(Intent intent)：当 Service 上绑定的所有客户端都断开连接时，将回调该方法。

6.2.3 使用 Service 的方法

（1）需要创建一个服务，该服务需要继承 Service 或者 IntentService，并重写服务的几个重要方法。

（2）在配置清单 AndroidManifest 中进行注册，否则系统将找不到这个服务。

```
<service android:name=".FirstService">
    <intent-filter>
        <!--为该 Service 组件的 intent-filter 配置 action -->
        <action android:name="org.crazyit.service.FIRST_SERVICE"/>
    </intent-filter>
</service>
```

与 Activity 一样，Service 的配置也在<application/>节点下，使用<service/>配置，其中 android:name 属性为 Service 类。如果开发的服务需要被外部应用操作，则需要配置<intent-filter/>节点，但是如果仅本程序使用，则无需配置它。

（3）在一个 Android 组件中操作这个 Service 组件。

① 启动：使用 startService(Intent intent)启动 Service，仅需要传递一个 Intent 对象，在 Intent 对象中指定需要启动的服务。此时，Service 会调用自身的 onCreate()方法（该 Service 未创建），并调用 onStartCommand ()方法。

② 停止：使用 stopService(Intent intent)停止 Service，此时，Service 会调用自身的 onDestory()方法。

注 意

对于启动服务，一旦启动将与访问它的组件无任何关联，即使访问它的组件被销毁了，这个服务也一直运行下去，直到被销毁。

③ 绑定：使用 bindService（Intent service, ServiceConnection conn, int flags）绑定一个 Service，此时，Service 会调用自身的 onCreate()方法（该 Service 未创建），并调用 onBind()方法返回客户端一个 IBinder 接口对象。

bindService 方法有三个参数：Service，通过 Intent 指定要绑定的 Service；Conn，一个 ServiceConnection 对象，该对象用于监听访问者与 Service 对象的 onServiceConnected()方法；Flags，指定绑定时是否自动创建 Service，0 表示不自动创建，BIND_AUTO_CREATE 表示自动创建。

从 bindService 方法可以看出，绑定一个服务与宿主交互，依托于一个 ServiceConnection 接口，这个接口对象必须声明在主线程中，通过实现其中的两个方法实现与 Service 的交互。

void onServiceConnection(ComponentName name,IBinder service)，绑定服务的时候被回调，这个方法获取绑定 Service 传递过来的 IBinder 对象，通过 IBinder 对象，实现宿主和 Service 的交互。

void onServiceDisconnected(ComponentName name)，当取消绑定的时候被回调。但正常情况下是不被调用的，它的调用时机是当 Service 服务被意外销毁时，如内存的资源不足时，这个方法才会被自动调用。

在使用绑定服务的时候，该 Service 类必须提供一个 IBinder onBind(Intent intent)方法，在绑定本地 Service 的情况下，onBind()方法所返回的 IBinder 对象会传给宿主的 ServiceConnection.onServiceConnected()方法的 service 参数，这样宿主就可以通过 IBinder 对象与 Service 进行通信。在实际开发中，一般会继承 Binder 类（IBinder 的实现类）的方式实现自己的 IBinder 对象。

6.2.4 访问系统核心服务

通常而言，在 Android 手机中，有很多的内置软件来完成系统的基本功能，例如，当手机接到来电时，会显示对方的电话号码；也可以根据周围的环境将手机设置成振动或静音；还可以获得当前所有的位置信息等。如何将这些功能加到手机应用中呢？答案就是“系统服务”。在 Android 系统中提供了很多这样的服务，通过这些服务，可以更加有效地管理 Android 系统。

系统服务实际上可以看作一个对象，通过 Activity 类的 getSystemService 方法可以获得指定的对象（系统服务）。getSystemService 方法只有一个 String 类型的参数，表示系统服务的 ID，这个 ID 在整个 Android 系统中是唯一的。例如，audio 表示音频服务，window 表示窗口服务，notification 表示通知服务。SmsManager 是 Android 提供的短信服务，它提供了方法 sendTextMessage()。

例如，调用系统服务实现发送短信功能的过程如下。

（1）获取 SmsManager：

```
sManager = SmsManager.getDefault()
```

（2）创建一个 PendingIntent 对象：

```
PendingIntent pi = PendingIntent.getActivity
(MainActivity.this, 0, new Intent(), 0);
```

（3）发送短信：

```
  sManager.sendTextMessage(number.getText().toString(),null,
content.getText().toString(), pi, null);
```

导入工程 T5_3_GridView，重命名为 T6_1_Service。本子任务具体实现过程如下。

步骤 1　准备资源。

将准备好的音乐文件放在资源文件夹中，如图 6-5 所示。

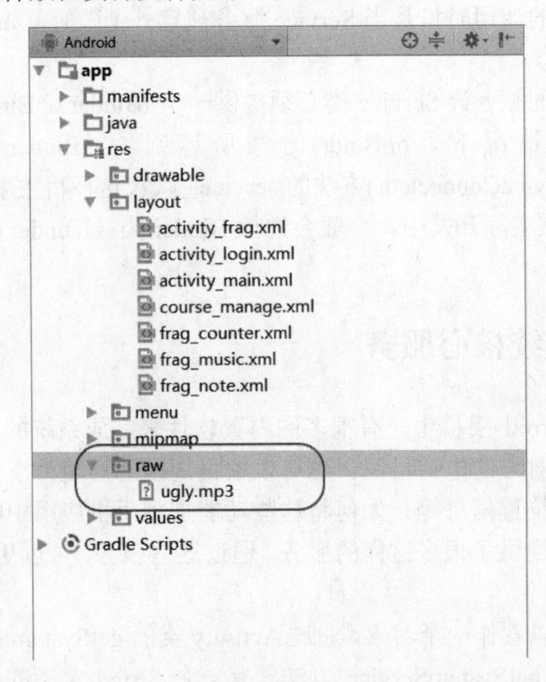

图 6-5　音乐资源

步骤 2　新增布局文件。

新增音乐播放器布局文件，主要包括控制音乐播放的几个按钮，布局内容如下。

```
<LinearLayout xmlns:android="http://schemas.android.com/apk/res/android"
   android:layout_width="match_parent"
   android:layout_height="match_parent"
   android:orientation="vertical">
<TextView
      android:text="当前播放的音乐：ugly"
      android:layout_width="match_parent"
      android:gravity="center"
      android:textSize="25sp"
      android:layout_height="wrap_content"
      android:id="@+id/textView" />
<Button
      android:id="@+id/start"
      android:layout_width="match_parent"
      android:layout_height="wrap_content"
      android:text="开始" />
<Button
      android:id="@+id/pause"
      android:layout_width="match_parent"
```

```
        android:layout_height="wrap_content"
        android:text="暂停" />
<Button
        android:id="@+id/resume"
        android:layout_width="match_parent"
        android:layout_height="wrap_content"
        android:text="继续播放" />
<Button
        android:id="@+id/stop"
        android:layout_width="match_parent"
        android:layout_height="wrap_content"
        android:text="停止" />
</LinearLayout>
```

步骤 3　实现音乐播放逻辑。

实现音乐播放功能，即音乐的开始播放、暂停播放、继续播放和停止播放，主要实现逻辑如下所示。

```
public class MusicService extends Service implements
                        MediaPlayer. OnCompletionListener {
    private MediaPlayer player;
    @Override
    public IBinder onBind(Intent intent) {
        return null;
    }
    @Override
    public void onCreate() {
        player = MediaPlayer.create(this, R.raw.ugly);
        player.setOnCompletionListener(this);
        super.onCreate();
    }
    @Override
    public int onStartCommand(Intent intent, int flags, int startId) {
        int status = intent.getIntExtra("status", 0);
        switch (status) {
            case 0:
                player.start();
                break;
            case 1:
                player.pause();
                break;
            case 2:
                player.start();
                break;
            case 3:
                player.stop();
                break;
        }
        return super.onStartCommand(intent, flags, startId);
    }
    @Override
    public void onDestroy() {
        if (player != null) {
            player.release();//musicplay 释放解除
        }
        super.onDestroy();
    }
```

```
    @Override
    public void onCompletion(MediaPlayer mp) {
        mp.release();
    }
}
```

在本子任务中，首先介绍了Android服务的基本概念和Android服务的生命周期，然后介绍了使用服务的方法，即启动和停止服务、绑定服务等，最后介绍了调用系统服务的方法，其中服务的基本使用方法是本子任务的重点，需要重点掌握。

1．填空题

（1）创建服务时，必须继承________类，绑定服务时，必须实现服务的________方法。

（2）服务的开启方式有两种，分别是________和________。

（3）在清单文件AndroidManifest中，注册服务时应该使用的节点是________。

2．选择题

（1）第一个启动服务会调用（　　）方法。

A．onCreate()　　B．onStart()
C．onResume()　　D．onStartCommand()

（2）下列方法中，不属于Service生命周期的是（　　）。

A．onStop()　　B．onStart()　　C．onResume()　　D．onDestory()

（3）下拉选项中，属于绑定服务特点的是（　　）（多选题）。

A．以BindService()方法开启
B．调用者关闭后服务也会关闭
C．必须实现ServiceConnection()
D．使用stopService()方法关闭服务

（4）Service与Acitvity的共同点是（　　）（多选题）。

A．都是四大组件之一　　B．都有onResume()方法
C．都可以被远程调用　　D．都可以自定义美观界面

3．思考题

（1）如何启动服务和停止服务？

（2）调用startService()或bindService()方法启动服务有何区别？

（3）总结Service常用的生命周期回调方法。

4．实操练习

结合所学知识完成以下任务：开发发送短信功能，实现模拟器之间的短信收发，如图6-6所示。

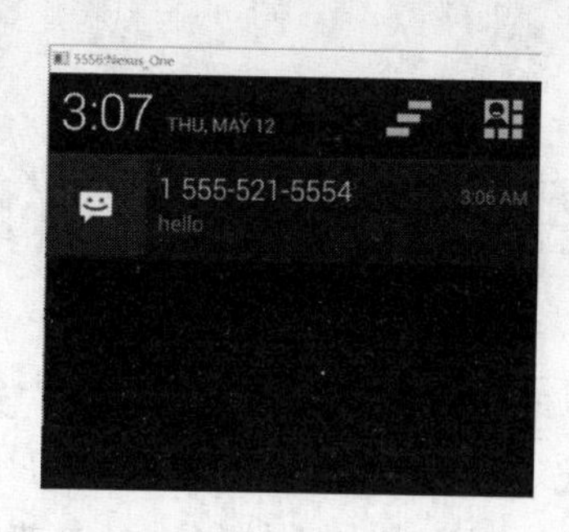
5554:Nexus_keyboard
2:13
Pj3_T9_ServiceSendSMS
收件人号码：
5556
短信内容：
hello
发送
5556:Nexus_One
3:07
THU, MAY 12
1 555-521-5554
3:06 AM
hello

图 6-6　发送短信的界面

任务 T7

学生空间 App 的数据存取及共享

Android 为用户的本地数据存储提供了多种方式，用户可以根据具体的需求选择合适的存储方式，将数据保存到各种存储介质上。本地数据的存储方式包括 SharedPreferences、SD 卡存储和 SQLite 数据库存储。

本任务使用 SharedPreferences 完成学生空间 App 的设置的保存功能，使用 SD 卡实现记事本和课程管理等功能，使用 SQLite 完成课程信息的存储等功能。

任务 T7-1　SharedPreferences 存储

- 掌握获取 SharedPreferences 的方法；
- 掌握 SharedPreferences 保存数据的方法；
- 掌握 SharedPreferences 读取数据的方法；
- 了解 SharedPreferences 的应用场景。

本子任务主要是在学生空间 App 的登录界面中完成的，如果设置了信息保存功能，则对用户的登录信息进行保存，如图 7-1 所示，在用户下次登录时，自动读取该用户的信息，如图 7-2 所示。

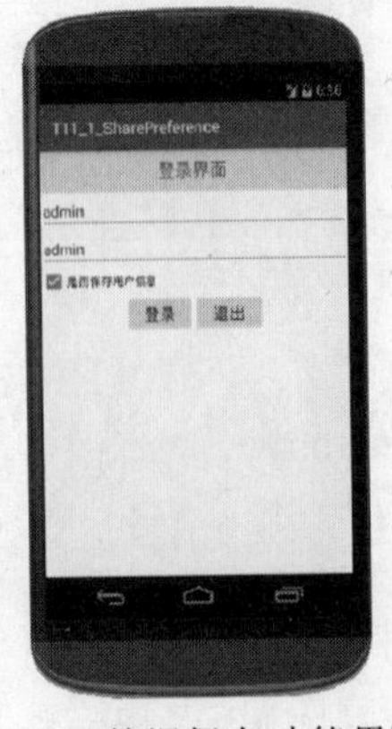

图 7-1　数据保存功能界面

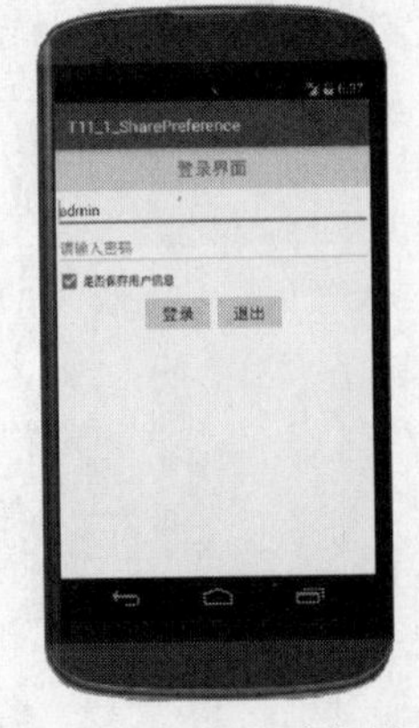

图 7-2　数据读取功能界面

7.1.1 SharedPreferences 的应用场景

SharedPreferences 是 Android 系统中最容易使用的存储技术，是一种轻量型的 Android 数据存储方案，主要用于保存应用程序的一些配置信息，如登录的用户信息、播放音乐退出时的状态、设置选项值等。

SharedPreferences 将一些简单数据类型（boolean、int、float、long 和 string）的数据，以 key-value（键值对）的形式保存在应用程序的私有 Preferences 目录中(/data/data/<package name>/shared_prefs)。SharedPreferences 对象本身只能获取数据，数据的存储和修改只能通过 SharedPreferences 的内部接口 Editor 来实现。

SharedPreference APIs 仅仅提供了读写键值对的功能，请不要与 Preference APIs 混淆。后者可以帮助用户建立一个设置用户配置的界面，尽管它实际上是使用 SharedPreferences 来实现保存用户配置功能的。

7.1.2 SharedPreferences 的使用方法

1．获取 SharedPreferences 对象

获取 SharedPreferences 对象有两种方式，既可以使用 PreferenceManager. getDefaultSharedPreferences()方法获取，又可使用 Activity 的 getSharedPreferences(String name, int mode)方法获取，它的第一个参数是文件名称，第二个参数是访问模式。

getDefaultSharedPreferences()和 getSharedPreferences()的区别在于：

（1）自定义的一些设置通过文件名用 getSharedPreferences()方法获取；

（2）应用默认的偏好文件 preferences.xml 通过 getDefaultSharedPreferences()方法获取。

SharedPreferences 支持以下访问模式。

（1）MODE_PRIVATE：私有，默认值，代表该文件是私有数据，只能被应用程序本身访问,在该模式下，写入的内容会覆盖原文件的内容。

（2）MODE_APPEND：该模式会检查文件是否存在，存在就向文件中追加内容，否则创建新文件。

（3）MODE_WORLD_READABLE：全局读，创建程序有读取或写入的权限，其他程序也有读取的权限，但不能写入。

（4）MODE_WORLD_WRITEABLE：全局写，创建程序和其他程序仅有写入的权限。

例如：

```
    SharedPreferences  pref  =  PreferenceManager.getDefaultSharedPreferences
(MainActivity.this);
    SharedPreferences  pref  =  getSharedPreferences("myPref", Activity.MODE_
PRIVATE);
```

使用 SharedPreferences.edit()方法获取 SharedPreferences.Editor 内部接口，该接口提供了保存数据的方法，如 putString(String key, String value)等。

```
Editor editor = pref.edit();
```

2. 保存 SharedPreferences 数据

通过 Editor 对象的 putXxx 方法保存 key-value，其中，Xxx 标识了 value 的不同数据类型，例如，boolean 类型的 value 需要用 putBoolean 方法，String 类型的 value 要用 putString 方法，并通过 Editor.commit 方法才能真正保存到相应的文件中。

```
editor.putString("name", "王艳");
editor.putInt("age", 18);
editor.putBoolean("default", true);
editor.commit();
```

在执行上面的代码后，SharedPreferences 会将 key-value 数据保存到 myPref.xml 文件中（文件无需指定扩展名.xml）。保存的文件可以通过 DDMS 查看，如图 7-3 所示。

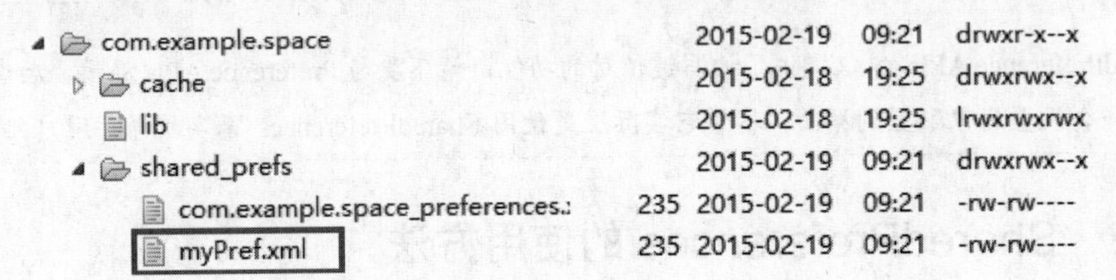

图 7-3 SharedPreferences 文件保存位置

导出 myPref.xml 的文件内容如下。

```
<?xml version='1.0' encoding='utf-8' standalone='yes' ?>
<map>
  <string name="name">王艳</string>
  <boolean name="default" value="true" />
  <int name="age" value="18" />
</map>
```

3. 读取 SharedPreferences 数据

使用 SharedPreferences 对象的 getXxx 方法可以从 myPref.xml 中获取数据，代码如下。

```
String name = pref.getString("name", "");
int age = pref.getInt("age", 0);
```

4. 清除 SharedPreferences 数据

使用 SharedPreferences 对象的 remove(key_name)方法删除特定值，如果需要删除所有的值，则应调用 clear()方法，代码如下。

```
editor.remove("name");
editor.remove("time");
editor.commit();
```

从 SharedPreferences 中删除所有数据的代码如下。

```
editor.clear();
editor.commit();
```

在使用 SharedPreferences 的过程中需要注意以下几点。

（1）通过 edit()获取一个新的编辑器对象进行写入，设置完成后必须调用 commit()方法才能写入磁盘文件，否则重启应用后，数据就会丢失。

（2）必须使用局部变量保存获取到的 edit()编辑器对象，而不能每项都通过 edit()方法进行操作，因为每次调用 edit 方法都会生成新的对象实例，操作的将不是同一个对象。

（3）读取已存储的数据是通过 SharedPreferences 对象本身获取的，而不再是 editor 对象。获取数据时必须指定默认值。

导入工程 T6_1_Service，重命名为 T7_1_SharePreference，重构登录界面，本子任务具体实现过程如下。

步骤 1　重构布局文件。

在 Login 布局文件中增加 CheckBox 复选框，如图 7-4 所示。

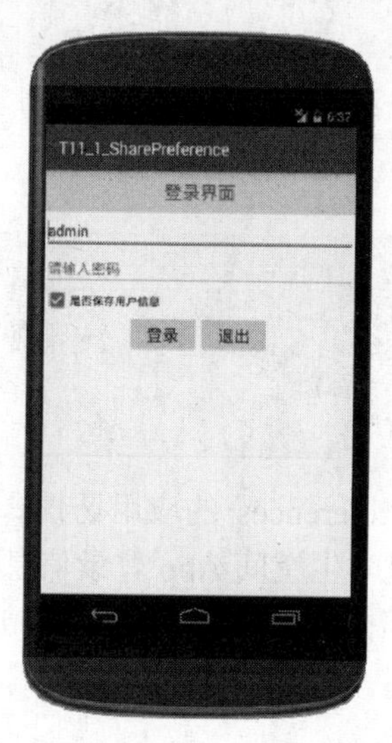

图 7-4　登录界面中增加复选框

具体修改如下。

```
<CheckBox
        android:id="@+id/cb_isSave"
        android:layout_width="wrap_content"
        android:layout_height="wrap_content"
        android:text="是否保存用户信息" />
```

步骤 2　保存信息逻辑处理。

```
private CheckBox cb_isSave;
private SharedPreferences preferences;
private SharedPreferences.Editor editor;
@Override
protected void onCreate(Bundle savedInstanceState) {
    super.onCreate(savedInstanceState);
    setContentView(R.layout.activity_login);
    cb_isSave = (CheckBox) findViewById(R.id.cb_isSave);
    //获得对象 redPreferences
    preferences = getSharedPreferences("isSave", MODE_PRIVATE);
    //获得编辑器
    editor = preferences.edit();
    //是否保存用户名信息
 cb_isSave.setOnCheckedChangeListener(new
 CompoundButton.OnCheckedChangeListener() {
 @Override
 public void onCheckedChanged(CompoundButton buttonView, boolean isChecked) {
        if (cb_isSave.isChecked()) {
            editor.putBoolean("ISCHECK", true);
            editor.putString("userName",
            ev_userName.getText().toString());
            editor.commit();
        }
    }
    });
}
```

步骤 3　读取信息逻辑处理。

```
if (preferences.getBoolean("ISCHECK", false)) {
    cb_isSave.setChecked(true);
    String name = preferences.getString("userName", "");
    ev_userName.setText(name);
}
```

本子任务首先介绍了 SharedPreferences 的应用场景，然后介绍了使用 SharedPreferences 保存数据和获取数据的方法。通过学生空间 App 登录信息的保存功能进行了实战演练，进一步加强了对 SharedPreferences 应用的练习，而使用 SharedPreferences 进行数据的保存和读取是本子任务的重点，需要重点掌握。

1．思考题

（1）总结使用 SharedPreferences 保存数据和读取数据的方法。

（2）简述 SharedPreferences 的实现步骤。

2．实操题

使用 SharedPreferences 将姓名和年龄信息保存到文件中，并读取信息，如图 7-5 所示。

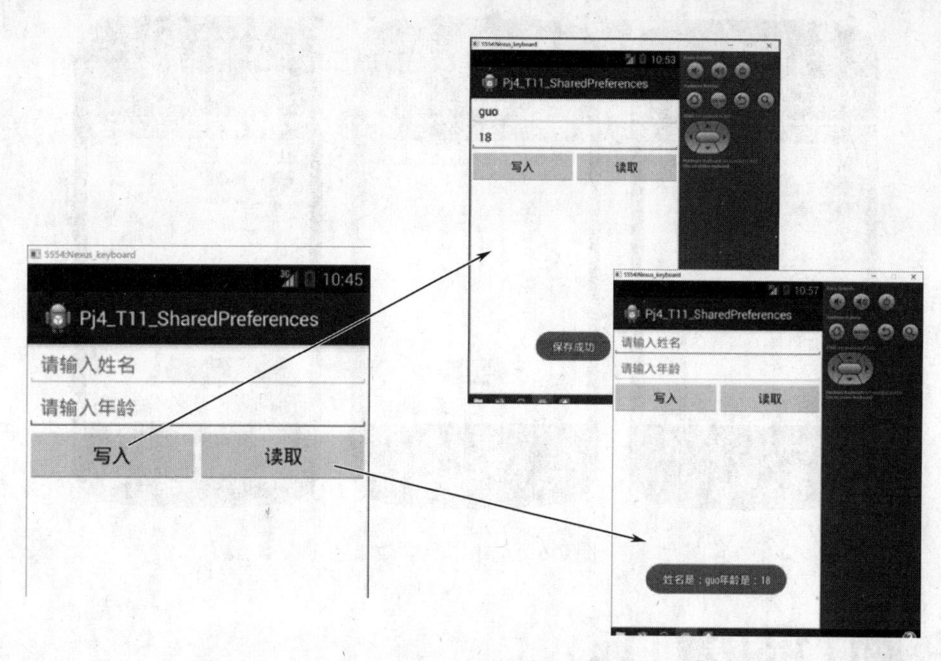

图 7-5　SharedPreferences 使用练习

任务 T7-2　文件存储

- 理解文件存储的基本概念；
- 掌握文件存储的应用场景；
- 掌握使用内部存储保存数据的方法；
- 掌握使用外部存储保存数据的方法。

本子任务是重构学生空间 App 中学生工具箱的记事本模块。用户可以使用记事本功能对日常的事务进行简单的记录，单击“写入”按钮，将记录保存至本地；单击“读取”按钮，则将本地记录读取并展示到界面中。界面效果如图 7-6 所示。

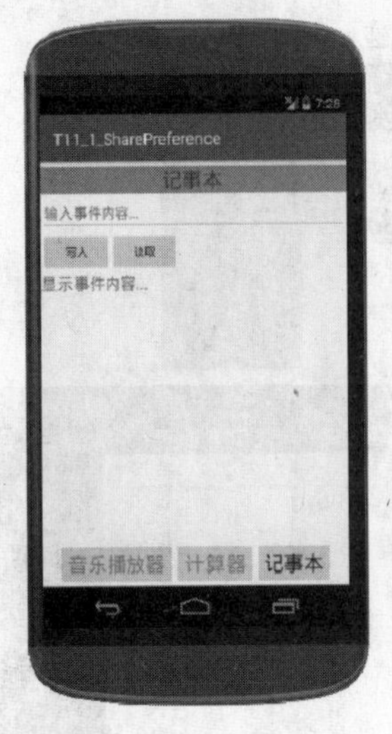

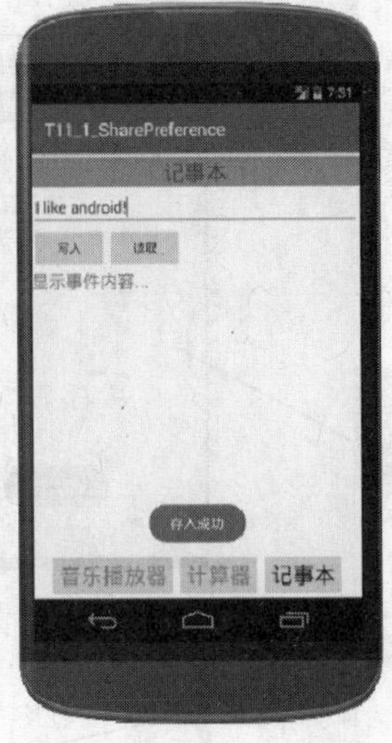

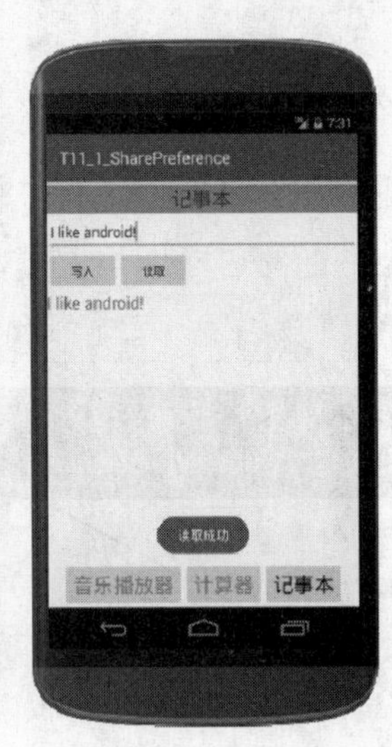

图 7-6　记事本界面效果

7.2.1 文件存储

SharedPreferences 只能存储一些简单的数据，而 Android 应用程序在使用过程中，可能需要使用 SD 卡中的照片、视频等文件，因此文件存储的应用比较广泛。

Android 系统是基于 Java 语言的，在 Java 语言中提供了一套完整的输入输出流操作体系，如 FileInputStream、FileOutputStream 等，所以 Android 也支持用输入输出流操作访问手机上的文件，Android 的文件系统分为以下两类。

（1）**内部存储**：内部存储是手机内置的空间，是手机的技术指标之一，一旦出厂就无法改变。

（2）**外部存储**：所有兼容 Android 的设备都支持一个共享的外部存储，用于保存文件。外部存储器可以是一个可移动的存储设备（SD 卡）或一个内部的存储设备（不可移动）。外部存储卡具有存储空间大的优势，基本上可以无限制地使用。

7.2.2 内部存储

内部存储的文件在预设的情况下只有应用程序可以使用，默认情况下，存放在内部存储中的文件为应用程序私有，其他应用程序和用户不能访问。应用程序卸载后，这些文件也会被清除。内部存储空间的容量通常不会太大，存储过程中应注意文件的大小，较大的文件应该考虑使用外部存储。

内部存储的文件保存在/data/data/<package name>/files 目录中，应避免直接使用绝对路径，Android 提供了相应的 API 获取内部存储设备的路径。

getFilesDir()：返回应用程序在内部存储设备中的路径。

getCacheDir()：返回应用程序在内部存储设备中的缓存文件路径，适用于存放临时使用的文件。系统在存储空间不足的时候，可能会直接删除这些文件。

除了使用传统的 java.io 进行文件的存储之外，Context 类还提供了文件和目录管理的方法，如表 7-1 所示。

表 7-1　Context 类的方法列表

方　法	说　明
Context.openFileInput(String fileName)	打开/files 子目录中的私有文件以供读取
Context.openFileOutput(String filename, int mode)	创建或打开/files/子目录中的私有文件以供写入
Context.fileList()	返回所有位于/files 子目录中的私有文件列表
Context.deleteFile(String filename)	删除位于/files 子目录中、文件名为 filename 的私有文件
Context.getDir (String name, int mode)	获取或创建一个新的文件夹，用于存放私有文件

其中，openFileOutput()和 getDir()方法的 mode 参数是文件的操作模式，Android 系统支持表 7-2 所示的文件访问模式。

表 7-2　Android 的文件访问模式

模　式	说　明
MODE_PRIVATE	私有模式，文件仅能被文件创建程序访问
MODE_APPEND	追加模式，如果文件已存在，则在文件的结尾处添加数据
MODE_WORLD_READABLE	全局读模式，允许任何程序读取私有文件
MODE_WORLD_WRITEABLE	全局写模式，允许任何程序写入私有文件

从内部存储中创建并写入一个私有文件的步骤如下。

步骤 1　调用 openFileOutput()方法，返回一个 FileOutputStream 对象。

步骤 2　使用 write()方法将数据写入文件。

步骤 3　使用 close()方法关闭文件流。

```
// 向指定的文件写入数据
public void writeFileData(String filename, String message){
try {
    // MODE_PRIVATE 模式写入的内容会覆盖原文件的内容
    FileOutputStream out = openFileOutput(filename, MODE_PRIVATE);
    // 将要写入的字符串转换为 byte 数组
    byte[]  bytes = message.getBytes();
    out.write(bytes); // 将 byte 数组写入文件
    out.close(); // 关闭文件输出流
} catch (Exception e) {
    e.printStackTrace();
}
}
```

从内部存储中读取一个文件的步骤如下。

步骤 1　创建输入流。

步骤 2　使用 read()方法读取文件的内容。

步骤 3 使用 close()方法关闭文件输入流。

```
//打开指定文件，读取其数据，返回字符串对象
public String readFileData(String fileName){
      String result="";
      try {
        FileInputStream in = openFileInput(fileName);
        //获取文件长度
        int lenght = in.available();
        byte[] buffer = new byte[lenght];
        in.read(buffer);
        //将 byte 数组转换成指定格式的字符串
        result = EncodingUtils.getString(buffer, ENCODING);
        in.close();
      } catch (Exception e) {
        e.printStackTrace();
      }
      return result;
  }
```

从以上代码可以看出，当 Android 系统调用 Context 的 openFileInput()、openFileOutput()方法打开文件输入、输出流之后，I/O 流的用法与 Java 平台的用法完全一样。

提 示

- Android 中文件存取的操作模式可以叠加，如文件被其他应用读和写：

```
Context.MODE_WORLD_READABLE + Context.MODE_WORLD_WRITEABLE
```

- 由于内部存储空间有限，一般用于保存较为重要的数据，如用户信息、密码等无需与其他应用程序共享的数据。较大的数据应该存储到外部存储设备（如 SD 卡）中。

7.2.3 外部存储

目前，大多数应用程序使用外部存储卡存储一些容量较大的文件，如音频、视频、图片。需要注意的是，这些设备中存储的文件任何应用程序都可以读取，所以应避免存储私密文件。应用程序卸载后，只有存储在通过 getExternalFilesDirs 方法获取的路径的文件会一起被删除，存储在其他位置的文件不会被清除。由于这些存储卡随时可以被卸载，因此在使用前最好先判断是否可以存取，示例代码如下。

```
// 判断外部存储设备是否可写入
public static boolean isExternalStorageWritable() {
    // 取得目前外部存储设备的状态
    String state = Environment.getExternalStorageState();
    // 判断是否可写入
    if (Environment.MEDIA_MOUNTED.equals(state)) {
       return true;
    }
    return false;
}
// 外部存储设备是否可读取
public static boolean isExternalStorageReadable() {
```

```
        // 取得目前外部存储设备的状态
        String state = Environment.getExternalStorageState();
        // 判断是否可读取
        if (Environment.MEDIA_MOUNTED.equals(state) ||
            Environment.MEDIA_MOUNTED_READ_ONLY.equals(state)) {
            return true;
        }
        return false;
    }
```

上述代码检测了外部存储是否可读或可写，getExternalStorageState()方法可返回检测的状态，如是否共享、丢失、移除等。

Environment 类提供了下面的方法获取外部存储卡的路径。

（1）getExternalStorageDirectory()：返回表示外部存储设备的主路径的 File 对象。

（2）getExternalStoragePublicDirectory(String)：返回表示外部存储设备的路径的 File 对象，根据参数的设定可以传回不同文件类型的路径。

Environment 类还在外部存储卡中预设了一些路径，用于保存从网络下载的一些文件。

（1）DIRECTORY_MUSIC：音乐文件。

（2）DIRECTORY_RINGTONES：可以让使用者选择的来电铃声文件。

（3）DIRECTORY_PODCASTS：可以让使用者选择的播客铃声文件。

（4）DIRECTORY_ALARMS：可以让使用者选择的闹铃文件。

（5）DIRECTORY_NOTIFICATIONS：可以让使用者选择的通知声音文件。

（6）DIRECTORY_PICTURES：图片文件。

（7）DIRECTORY_MOVIES：影片文件。

（8）DIRECTORY_DOWNLOADS：使用者下载的文件。

（9）DIRECTORY_DCIM：使用者使用相机拍摄的照片与录制的影片。

如果应用程序使用手机内置的相机拍照或从网络上下载一些照片，希望把这些照片存储在公用的照片路径下，可以使用下面的方法获取路径。

```
// 建立并传回公用相册下指定的路径中
public static File getPublicAlbumStorageDir(String albumName) {
    // 取得公用的照片路径
    File pictures = Environment.getExternalStoragePublicDirectory(
            Environment.DIRECTORY_PICTURES);
    // 在照片路径下建立一个指定的路径
    File file = new File(pictures, albumName);
    // 如果创建路径不成功
    if (!file.mkdirs()) {
        Log.e("getAlbumStorageDir", "Directory not created");
    }
    return file;
}
```

另外，必须在应用程序中设定权限，才能读取或存储外部存储卡，在 AndroidManifest.xml 的 mainfest 标签中加入下列授权设置：

```
<!--写入外部存储设备的授权 -->
<uses-permission android:name="android.permission.WRITE_EXTERNAL_STORAGE"/>
<!-- 读取外部存储设备的授权 -->
<uses-permission android:name="android.permission.READ_EXTERNAL_STORAGE"/>
```

为了提升应用程序的性能，有时需要缓存一些数据。在这种情况下，可以创建缓存文件存放在/data/data/<package name>/cache/目录下。以下代码用于获取外部存储或内部存储的cache目录所在的路径位置。

```
public String getDiskCacheDir(Context context) {
    String cachePath = null;
    if (Environment.MEDIA_MOUNTED.equals(Environment.
      getExternalStorageState())
          || !Environment.isExternalStorageRemovable()) {
        cachePath = context.getExternalCacheDir().getPath();
    } else {
        cachePath = context.getCacheDir().getPath();
    }
    return cachePath;
}
```

提 示

应用程序负责管理自己的缓存目录，并且分配一个合理的空间大小。当内部存储空间不足或用户卸载应用程序后，Android系统将删除缓存文件。

新建工程 T7_2_File，实现学生空间 App 中学生工具箱的记事本功能。因为在本书任务T4中已经实现了工具箱基本界面的构建，所以本子任务将对工具箱的记事本模块进行重构，实现记事本的简单功能。

当用户单击“写入”按钮时，将输入的文字信息保存至本地；而当用户单击“读取”按钮时，将本地记录读取并展示到界面中。

本子任务具体实现过程如下。

步骤1　重构已有的 frag_note.xml 布局文件。

重构 frag_note.xml 布局文件，代码如下。

```
<?xml version="1.0" encoding="utf-8"?>
<LinearLayout xmlns:android="http://schemas.android.com/apk/res/android"
    android:layout_width="match_parent"
    android:layout_height="match_parent"
    android:orientation="vertical">
<TextView
        android:layout_width="match_parent"
        android:layout_height="wrap_content"
        android:layout_marginTop="5dp"
        android:background="@android:color/holo_blue_light"
        android:gravity="center"
        android:text="记事本"
```

```
        android:textSize="25sp" />
    <EditText
        android:id="@+id/ed_content"
        android:layout_width="match_parent"
        android:layout_height="wrap_content"
        android:hint="输入事件内容..." />
    <LinearLayout
        android:layout_width="match_parent"
        android:layout_height="wrap_content"
        android:orientation="horizontal">
    <Button
        android:id="@+id/btn_write"
        android:layout_width="wrap_content"
        android:layout_height="wrap_content"
        android:text="写入" />
    <Button
        android:id="@+id/btn_read"
        android:layout_width="wrap_content"
        android:layout_height="wrap_content"
        android:text="读取" />
    </LinearLayout>
    <TextView
        android:id="@+id/tv_content"
        android:layout_width="match_parent"
        android:layout_height="match_parent"
        android:hint="显示事件内容..."
        android:textSize="20sp" />
    </LinearLayout>
```

步骤 2　实现文件的写入。

重构 NoteFragment 类，为“写入”按钮添加事件监听，实现文件的写入功能，代码如下所示。

```
    //写入操作
    btn_write.setOnClickListener(new View.OnClickListener() {
       @Override
       public void onClick(View v) {
          String filename = "testData.txt";
          try {
             //MODE_PRIVATE 模式下写入的内容会覆盖原文件的内容
             FileOutputStream  out  =  getActivity().openFileOutput(filename,
getActivity().MODE_PRIVATE);
             //将要写入的字符串转换成 byte 数组
             byte[] bytes = ed_content.getText().toString().getBytes();
             //将 byte 数组写入文件
             out.write(bytes);
             //关闭文件输出流
             out.close();
          } catch (FileNotFoundException e) {
             e.printStackTrace();
          } catch (IOException e) {
             e.printStackTrace();
          }
          Toast.makeText(getActivity(), "存入成功", Toast.LENGTH_SHORT).show();
       }
    });
```

步骤 3　实现文件的读取。

为“读取”按钮添加事件监听，实现文件的读取功能，并将读取到的文本显示到界面上，代码如下所示。

```
//读取操作
btn_read.setOnClickListener(new View.OnClickListener() {
    @Override
    public void onClick(View v) {
        String filename = "testData.txt";
        String result = "";
        try {
            //打开指定文件并读取其数据
            FileInputStream  inputStream  =  getActivity().openFileInput
(filename);
            //获取文件长度
            int lenght = inputStream.available();
            //创建一个长度为 lenght 的 byte 数组
            byte[] buffer = new byte[lenght];
            inputStream.read(buffer);
            //将 byte 数组转换成指定格式的字符串
            result = new String(buffer, "UTF-8");
            System.out.print("------>>>" + result);
             inputStream.close();
        } catch (FileNotFoundException e) {
            e.printStackTrace();
        } catch (IOException e) {
            e.printStackTrace();
        }
        //设置文本框为读取的内容
        tv_content.setText(result);
        Toast.makeText(getActivity(), "读取成功", Toast.LENGTH_SHORT).show();
    }
    });
```

本子任务主要介绍 Android 系统中文件存储的基本概念、使用内部存储保存数据的方法及使用外部存储保存数据的方法，并通过重构学生空间 App 中的学生工具箱的记事本模块，进一步加深了对文件存储方法的理解。

思考题

（1）总结文件存储的应用场景。

（2）创建和写入内部存储器一个私有文件有哪几种方式？

（3）总结 Android 系统的内部存储及外部存储方法。

（4）如何检查外部存储器的有效性？

任务 T7-3 SQLite 存储

- 理解 SQLite 数据库的基本概念；
- 掌握 Android 中 SQLite 的使用；
- 掌握 SQLite 数据库的增、删、改、查的方法。

本子任务主要实现学生空间 App 的课程管理功能，重构课程管理界面，将由静态列表展示的课程信息修改为可以从数据库中动态查询，并可以添加到数据库中，对数据库中已有信息进行修改，并可以实现从数据库中删除信息的功能。界面效果如图 7-7 和图 7-8 所示。

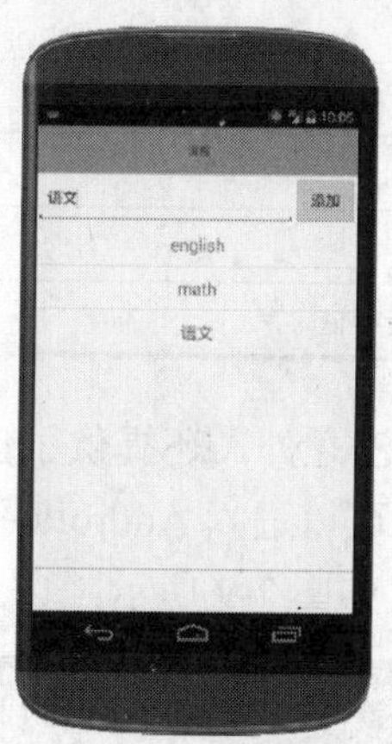

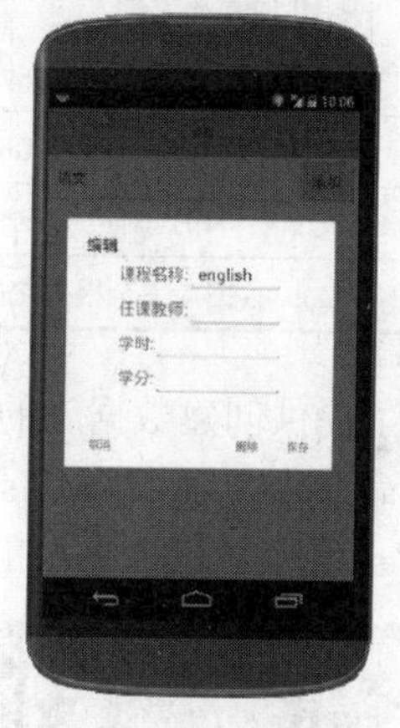

图 7-7 课程管理界面（一）

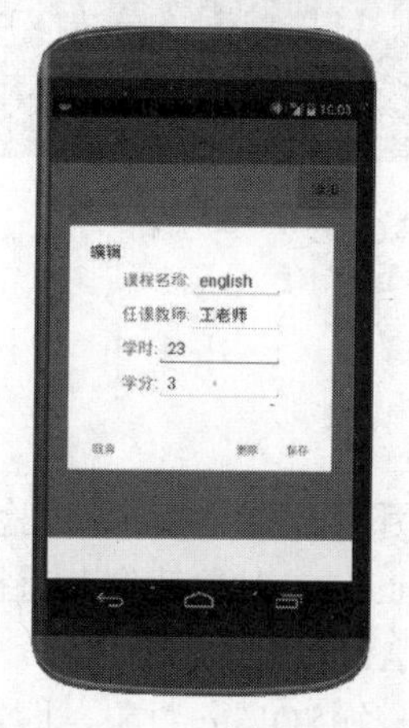

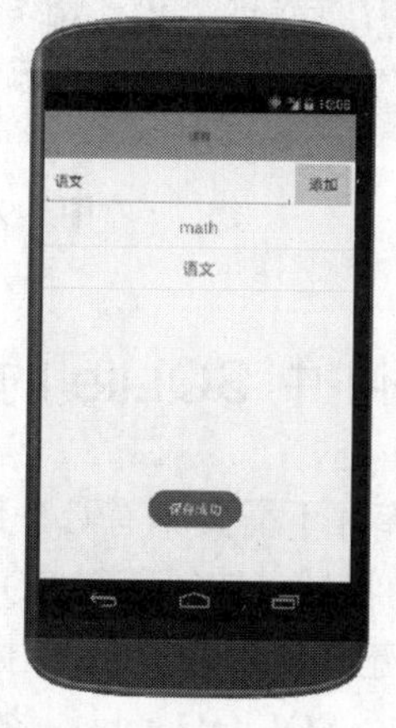

图 7-8 课程管理界面（二）

7.3.1 SQLite 的基本概念

SQLite 是 2000 年由 D.Richard Hipp 发布的开源的嵌入式数据库引擎，实现了自包容、无服务器、零配置、事务性的 SQL 数据库引擎。它是一个零配置的轻量级数据库，包括表在内的所有数据都存放在单个文件中，这些特性非常适合移动应用的数据处理，因此，Android 系统内建了 SQLite。

功能上，SQLite 支持多数 SQL 92 标准，可以在所有主流的操作系统上运行，支持大多数计算机语言。虽然它支持的存储类型只有 5 种，但实际上它也接收 varchar、char、decimal 等类型，SQLite 会在运算或保存时将它们转换为对应的 5 种数据类型，如表 7-3 所示。

表 7-3　SQLite 支持的数据类型

存储类型	描　述
NULL	NULL 值
INTEGER	带符号的整数，对应 Java 的 byte、short、int 和 long
REAL	浮点值，对应 Java 的 float 和 double
TEXT	文本字符串，对应 Java 的 String
BLOB	blob 数据，完全根据它的输入进行存储

Android 系统中除了提供创建数据库的接口方法之外，还提供了创建 SQLite 数据的本地工具，开发人员只要在命令行中键入“adb shell”就可以进入 Android 系统的字符界面。SQLite 数据库的创建要使用“sqlite3 数据库名”的形式，如图 7-9 所示。

```
* daemon not running. starting it now on port 5037 *
* daemon started successfully *
root@generic_x86_64:/ # sqlite3 space.db
sqlite3 space.db
SQLite version 3.8.6 2014-08-15 11:46:33
Enter ".help" for usage hints.
sqlite> _
```

图 7-9　创建数据库

7.3.2 Android 中 SQLite 的使用

由于 SQLite 数据库并不需要具有 C/S 数据库那样建立连接、身份验证的特性，以及 SQLite 数据库单文件数据库的特性，使得获得 SQLite Database 对象就像获得操作文件的对象一样简单。Android 提供了创建和使用 SQLite 数据库的 API。

在 Android 系统中，SQLiteDatabase 类代表一个 SQLite 对象，即对应一个底层的数据库文件，当应用程序获得 SQLite 对象后，就可以通过该对象来进行数据库的管理和操作了。

SQLiteDatabase 提供了创建数据库、创建表和执行 SQL 语句的常用方法，如表 7-4 所示。

表 7-4　SQLiteDatabase 的常用方法

方法名称	方法描述
openDatabase(String path, SQLiteDatabase.CursorFactory factory, int flags)	打开数据库
openOrCreateDatabase(String path, SQLiteDatabase.CursorFactory factory)	打开或创建数据库
openOrCreateDatabase(File file, SQLiteDatabase.CursorFactory factory)	打开或创建数据库
create(SQLiteDatabase.CursorFactory factory)	创建内存数据库，用于数据处理速度较高的场合
insert(String table, String nullColumnHack, ContentValues values)	添加记录
delete(String table,String whereClause,String[] whereArgs)	删除记录
query(String table,String[] columns,String selection,String[] selectionArgs, String groupBy, String having, String orderBy)	查询记录
update(String table,ContentValues values, String whereClause, String[] whereArgs)	修改记录
execSQL(String sql)	执行一条 SQL 语句
close()	关闭数据库

其中，openDatabase()方法中的 path 表示数据库文件名，传入的 CursorFactory 对象用于构造查询时返回的 Cursor 对象，也可以传入 null 使用默认的 factory 构造，参数 flags 为打开模式，包括以下几种。

（1）OPEN_READWRITE：可读写方式。

（2）OPEN_READONLY：只读方式。

（3）CREATE_IF_NECESSARY：当数据库文件不存在时，创建该数据库。

（4）NO_LOCALIZED_COLLATORS：打开数据库时，不根据本地化语言对数据进行排序，可以使用以上四个参数中的一个或多个（多个模式组合用|符号）。

7.3.3　SQLiteOpenHelper

SQLiteOpenHelper 类是 SQLiteDatabase 的一个辅助类。这个类主要作用是生成一个数据库，并对数据库的版本进行管理。当在程序中调用这个类的方法 getWritableDatabase()或者 getReadableDatabase()方法的时候，如果当时没有数据，那么 Android 系统会自动生成一个数据库。

SQLiteOpenHelper 类是一个抽象类，通常需要继承它并且实现其中的 2 个方法。

（1）在数据库第一次生成的时候，系统会调用以下方法。

```
onCreate(SQLiteDatabase)
```

（2）当数据库需要升级的时候，系统会调用以下方法。

```
onUpgrade(SQLiteDatabase, int, int)
```

导入工程 T7_2_File，重命名为 T7_3_Sqlite，重构课程管理界面，本子任务具体实现过程如下。

步骤 1　重构布局文件。

重构课程管理界面文件 course_manage.xml，增加编辑框和添加按钮，如图 7-10 所示。

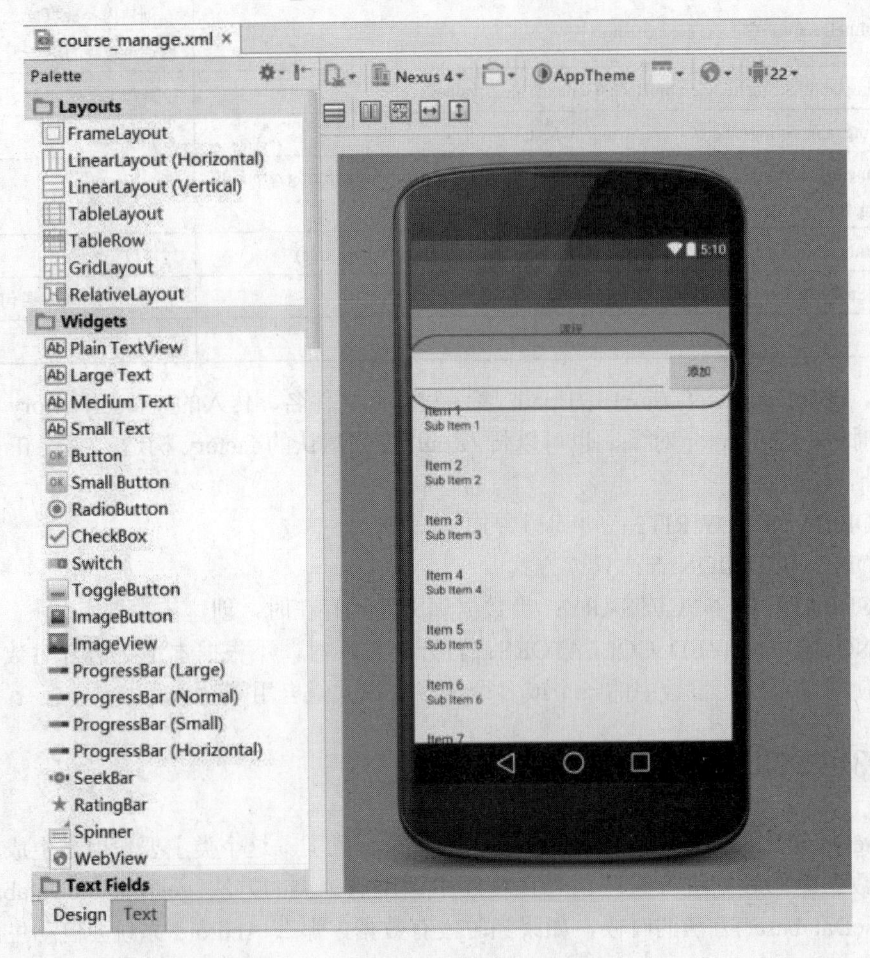

图 7-10　课程管理界面

布局修改部分代码如下。

```
<LinearLayout
       android:layout_width="match_parent"
       android:layout_height="0dp"
       android:layout_weight="1"
       android:orientation="horizontal">
<EditText
        android:id="@+id/ed_course"
        android:layout_width="0dp"
        android:layout_height="match_parent"
        android:layout_weight="8" />
```

```
<Button
        android:id="@+id/btn_add"
        android:layout_width="0dp"
        android:layout_height="match_parent"
        android:layout_weight="2"
        android:text="添加" />
</LinearLayout>
```

步骤 2　新增编辑界面布局。

编辑界面布局如图 7-11 所示。

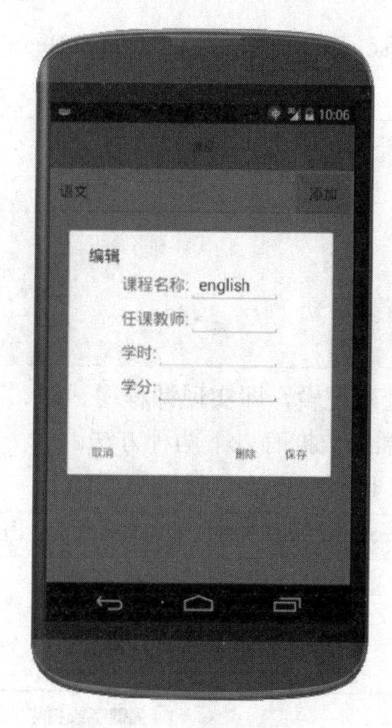

图 7-11　课程编辑界面

布局采用线性布局嵌套实现，具体实现过程这里不再详述。

步骤 3　打开或创建数据库。

采用 Google 推荐的方法，即创建一个继承 SQLiteOpenHelper 类的数据库辅助类，重写 onCreate()和 onUpgrade()方法，简化数据库操作，示例代码如下。

```
public class DatabaseHelper extends SQLiteOpenHelper {
    //定义数据库的表名及版本号
    public static final String DB_NAME = "Course.db";
    public static final int DB_VERSION = 1;
    //构造方法
    public DatabaseHelper(Context context) {
        super(context, DB_NAME, null, DB_VERSION);
    }
    @Override
    public void onCreate(SQLiteDatabase db) {
        //创建表的 SQL 语句
        String sql = "create table course(_id integer primary key
                autoincrement," + "courseNametext," +"teacher text," +
              "period text," +"credits text)";
```

```
        //执行 SQL 语句
        db.execSQL(sql);
    }
    @Override
    public void onUpgrade(SQLiteDatabase db, int oldVersion, int newVersion) {
        db.execSQL("droptableifexists course");
        onCreate(db);
    }
}
```

步骤 4　课程信息的封装。

根据 SQLite 数据库中 course 表的信息，创建 CourseBean 类对课程信息进行封装，示例代码如下。

```
public class CourseBean {
    private int _id;
    private String courseName;
    private String teacher;
    private String period;
    private String credit;
     // 省略 getter/setter 方法
}
```

步骤 5　实现课程管理的处理逻辑，即实现课程增、删、改、查的功能。

（1）实现课程添加逻辑：插入数据有以下两种方法。

① 调用 SQLiteDatabase 的 insert()方法，方法原型如下。

```
insert(String table,String nullColumnHack,ContentValues values)
```

参数含义如表 7-5 所示。

表 7-5　insert()方法的参数列表

参 数 值	关键字或名称的作用
table	表名称
nullColumnHack	空列的默认值
values	ContentValues 类型的一个封装了列名称和列值的 Map

例如：

```
private void insert(SQLiteDatabase db){
    ContentValues cValue = new ContentValues();
    cValue.put("sname","xiaoming");
    cValue.put("snumber","01005");
    db.insert("stu_table",null,cValue);
}
```

② 编写插入数据的 SQL 语句，直接调用 SQLiteDatabase 的 execSQL()方法来执行该语句。例如：

```
private void insert(SQLiteDatabase db){
    //插入数据 SQL 语句
    String stu_sql="insert into stu_table(sname,snumber) values
                ('xiaoming','01005')";
    //执行 SQL 语句
```

```
    db.execSQL(sql);
}
```

在课程管理界面中，课程的添加通过单击“添加”按钮实现，在此按钮的监听事件中调用数据库的插入处理，具体实现如下。

```
//数据库插入
private void addCourse() {
    //实例化数据库
    dbHelper = new DatabaseHelper(CourseManageActivity.this);
    dbWrite = dbHelper.getWritableDatabase();
    //将数据写入 ContentValues
    ContentValues values = new ContentValues();
    values.put("courseName", ed_course.getText().toString());
    //插入数据
    dbWrite.insert("crouse_name", null, values);
}
```

（2）实现课程删除逻辑：删除数据有以下两种方法。

① 调用 SQLiteDatabase 的 delete()方法，方法原型如下。

```
delete(String table,String whereClause,String[] whereArgs)
```

参数含义如表 7-6 所示。

表 7-6　delete 方法的参数列表

参　数　值	关键字或名称的作用
table	表名称
whereClause	删除条件
whereArgs	删除条件值数组

例如：

```
private void delete(SQLiteDatabase db) {
    //删除条件
    String whereClause = "id=?";
    //删除条件参数
    String[] whereArgs = {String.valueOf(2)};
    //执行删除
     db.delete("stu_table",whereClause,whereArgs);
}
```

② 编写删除数据的 SQL 语句，直接调用 SQLiteDatabase 的 execSQL()方法来执行该语句。例如：

```
private void delete(SQLiteDatabase db) {
    //删除 SQL 语句
    String sql = "delete from stu_table where _id = 6";
    //执行 SQL 语句
    db.execSQL(sql);
}
```

在课程管理界面中，课程的删除功能是在编辑对话框的“删除”按钮的监听事件中实现的，具体实现逻辑如下。

```
builder.setNegativeButton("删除", new DialogInterface.OnClickListener() {
    @Override
   public void onClick(DialogInterface dialog, int which) {
   dbHelper = new DatabaseHelper(CourseManageActivity.this);
            dbWrite = dbHelper.getWritableDatabase();
            dbWrite.delete("crouse", "_id=?", new String[]
                        {String.valueOf(lists.get(position).get_
                        id())});
      querySql();  //删除后重新查询数据库
      myAdapter.notifyDataSetChanged();  //通知 ListView 更新数据
   }
}
```

（3）实现课程更新逻辑：更新数据有以下两种方法。

① 调用 SQLiteDatabase 的 update()方法，方法原型如下。

```
update(String table,ContentValues values,String whereClause,
String[] whereArgs)
```

参数含义如表 7-7 所示。

表 7-7　update 方法的参数列表

参 数 值	关键字或名称的作用
table	表名称
values	ContentValues 类型的键值对
whereClause	更新条件（where 字句）
whereArgs	更新条件数组

例如：

```
private void update(SQLiteDatabase db) {
    //实例化内容值
    ContentValues values = new ContentValues();
    //在 values 中添加内容
    values.put("snumber","101003");
    //修改条件
     String whereClause = "id=?";
    //修改添加参数
    String[] whereArgs={String.valuesOf(1)};
    //更新数据
    db.update("usertable",values,whereClause,whereArgs);
}
```

② 编写更新数据的 SQL 语句，直接调用 SQLiteDatabase 的 execSQL()方法来执行该语句。例如：

```
private void update(SQLiteDatabase db){
    //修改 SQL 语句
    String sql = "update stu_table set snumber = 654321 where id  = 1";
    //执行 SQL 语句
    db.execSQL(sql);
 }
```

在课程管理界面中，具体课程的更新操作，在选择 ListView 中的 Item 时，弹出编辑对话框，在对话框的“保存”按钮的监听处理逻辑中实现，具体实现如下。

```
builder.setTitle("编辑");
builder.setView(view1);
builder.setPositiveButton("保存", new DialogInterface.OnClickListener() {
    @Override
    public void onClick(DialogInterface dialog, int which) {
        String course = et_course_name.getText().toString();
        String teacher = et_teacher.getText().toString();
        String period = et_period.getText().toString();
        String credit = et_credit.getText().toString();
        dbHelper = new DatabaseHelper(CourseManageActivity.this);
        dbWrite = dbHelper.getWritableDatabase();
        ContentValues contentValues = new ContentValues();
        contentValues.put("course", course);
        contentValues.put("teacher", teacher);
        contentValues.put("period", period);
        contentValues.put("credits", credit);
        dbWrite.update("crouse ", contentValues, "_id=?", new String[]
                {String.valueOf(lists.get(position).get_id())});
        querySql();
        Toast.makeText(CourseManageActivity.this, "保存成功",
                Toast.LENGTH_SHORT).show();
}
});
```

（4）实现课程查询逻辑：查询数据有以下两种方法。

① 调用 SQLiteDatabase 的 query()方法，方法原型如下。

```
public Cursor query(String table,String[] columns,String
            selection,String[]  selectionArgs,String groupBy,
            String having,String orderBy,String limit)
```

参数含义如表 7-8 所示。

表 7-8　query 方法的参数列表

参　数　值	关键字或名称的作用
table	表名称
columns	列名称数组
selection	条件字句，相当于 where
selectionArgs	条件字句，参数数组
groupBy	分组列
having	分组条件
orderBy	排序
limit	分页查询限制

返回值 Cursor 是一个游标接口，提供了遍历查询结果的方法，常用的方法如表 7-9 所示。

表 7-9　Cursor 的常用方法

参　数　值	关键字或名称的作用
getCount()	获得总的数据项数
isFirst()	判断是否第一条记录

续表

参 数 值	关键字或名称的作用
isLast()	判断是否最后一条记录
moveToFirst()	移动到第一条记录
moveToLast()	移动到最后一条记录
move(int offset)	移动到指定记录
moveToNext()	移动到下一条记录
moveToPrevious()	移动到上一条记录
getColumnIndexOrThrow(String columnName)	根据列名称获得列索引
getInt(int columnIndex)	获得指定列索引的 int 类型值
getString(int columnIndex)	获得指定列索引的 string 类型值

例如：

```
private void query(SQLiteDatabase db) {
    //查询获得的游标
    Cursor cursor = db.query ("usertable",null,null,null,null,null,null);
    //判断游标是否为空
    if(cursor.moveToFirst() {
       //遍历游标
       for(int i=0;i<cursor.getCount();i++){
           cursor.move(i);
           //获得 ID
           int id = cursor.getInt(0);
           //获得用户名
           String username=cursor.getString(1);
           //获得密码
           String password=cursor.getString(2);
       }
    }
}
```

② 编写查询数据的 SQL 语句，直接调用 SQLiteDatabase 的 execSQL()方法来执行该语句。例如：

```
private void query(SQLiteDatabase db){
    //修改 SQL 语句
    String sql = "select * from stu_table";
    //执行 SQL 语句
    db.execSQL(sql);
}
```

在课程管理界面中，进入课程管理的主界面，需要从数据库中查询所有的课程信息，使用 ListView 进行列表展示，查询逻辑具体实现如下。

```
//数据库查询
private void querySql() {
    //执行之前先清除 list,否则会导致数据叠加显示
    lists.clear();
    dbHelper = new DatabaseHelper(CourseManageActivity.this);
    dbRead = dbHelper.getReadableDatabase();
    //数据库查询,数据保存在 Cursor 类中，提供随机读写功能
```

```
    Cursor cursor = dbRead.query("crouse", null, null, null, null, null,
null);
    int content = cursor.getCount();
    //移动到下一条数据
    if (content != 0) {
        while (cursor.moveToNext()) {
            //获得数据
            String course = cursor.getString(cursor.getColumnIndex
                            ("courseName"));
            String teacher = cursor.getString(cursor.getColumnIndex
                            ("teacher"));
            String period = cursor.getString(cursor.getColumnIndex
                            ("period"));
            String credits = cursor.getString(cursor.getColumnIndex
                            ("credits"));
            int _id = cursor.getInt(cursor.getColumnIndex("_id"));
            //将取出的数据存放到 bean 中，代码省略
            lists.add(bean);
        }
    }
}
```

注 意

无论以哪种方式执行数据库的操作，在完成之后都需要调用 close 方法关闭数据库，否则会造成内存泄露。

本子任务首先介绍了 SQLite 数据库的基本概念，然后介绍了 Android 中 SQLite 的应用，即数据库常用的操作方法，并通过实现学生空间 App 中的课程管理功能，对 SQLite 的应用进行了实战演练，数据库的基本操作，即增、删、改、查的功能是本子任务的重点内容，需要重点掌握。

1．思考题

总结 SQLite 数据库的基本使用方法。

2．选择题

（1）使用 SQLiteOpenHelper 类时，它的（　　）方法是用来实现版本升级之用的。

A．onCreate()　　B．onCreade()　　C．onUpdate()　　D．onUpgrade()

（2）关于 Sqlite 数据库，正确的说法是（　　）（多选）。

A．SqliteOpenHelper 类主要用来创建数据库和更新数据库

B．SqliteDatabase 类是用来操作数据库的

C．在每次调用 SqliteDatabase 的 getWritableDatabase()方法时，会执行 SqliteOpenHelper 的 onCreate 方法

D．当数据库版本发生变化时，可以自动更新数据库结构

3．实操题

结合本子任务所学内容，完成以下任务，界面如图 7-12 所示。

（1）将学生信息存入数据库。

（2）显示所有学生信息列表。

（3）删除数据库表中的第一条信息。

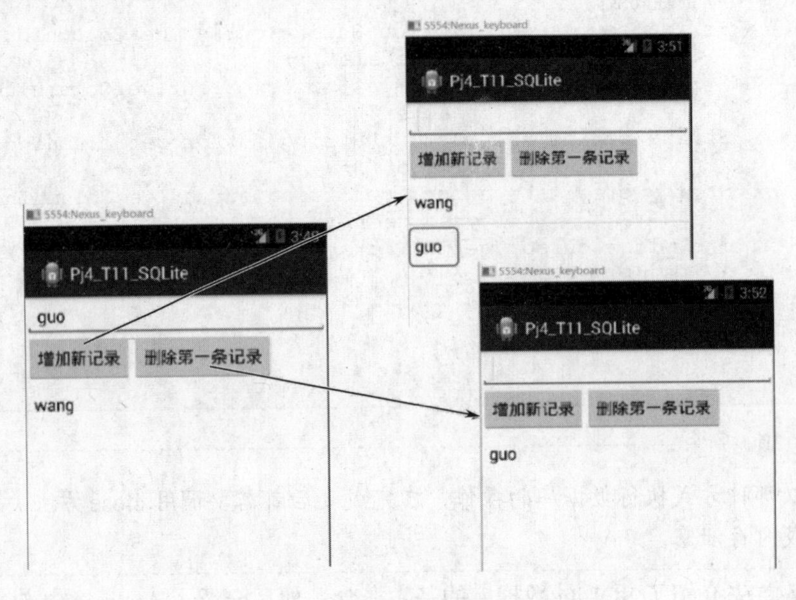

图 7-12　SQLite 应用练习

任务 T7-4　ContentProvider 数据共享

■ 掌握 ContentProvider 数据共享的概念和应用场景；

■ 掌握 ContentProvider 类、Uri 类和 ContentResolver 类的使用和编写方法；

■ 掌握 Uri 相关工具类的使用。

本子任务是重构学生空间 App 中学生工具箱的音乐播放器模块。用户可以通过 ContentProvider、共享系统的音频资源，从而实现获取系统中的音乐资源、生成音乐列表，播放音乐的功能。界面效果如图 7-13 所示。

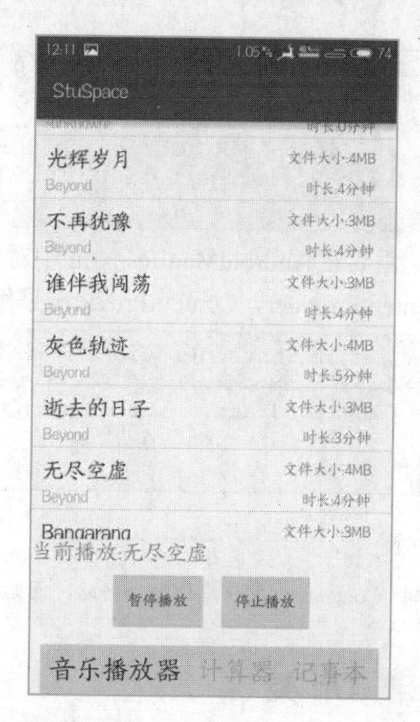

图 7-13 音乐播放器界面效果

7.4.1 ContentProvider 概述

在 Android 系统中，ContentProvider 同 Activity、Service 和 BroadcastReceiver 一起构成了 Android 应用程序的四大组件。前面学过了多种数据访问的方式，但数据访问方式会因数据存储的方式而不同，例如：采用文件方式对外共享数据，需要使用文件操作读写数据；采用 SharedPreferences 共享数据，需要使用 SharedPreferences API 读写数据。而 ContentProvider 可以为应用程序实现数据的共享，并且统一数据访问方式。它提供了一种多应用间数据共享的方式，如联系人信息可以被多个应用程序访问。ContentProvider 为存储和读取数据提供了统一的接口，通过使用 ContentProvider 暴露应用程序数据，供其他应用程序访问以实现数据共享。Android 内置的许多数据都是使用 ContentProvider 形式供开发者调用的，如视频、音频、图片、通讯录等。

ContentProvider 实现了一组用于提供其他应用程序存取数据的标准方法。只要重写 ContentProvider 类的提供数据和存储数据的方法，就可以向其他应用共享其数据了。

创建 ContentProvider 子类并重写其方法如下所示。

```
public class PersonContentProvider extends ContentProvider{
    public Boolean onCreate()
    public Uri insert(Uri uri, ContentValues values)
    public int delete(Uri uri, String selection, String[] selectionArgs)
```

```
    public int update(Uri uri, ContentValues values, String selection,String[]
selectionArgs)
    public Cursor query(Uri uri, String[] projection, String selection,
String[] selectionArgs, String sortOrder)
    public String getType(Uri uri)
}
```

另外，需要在 AndroidManifest.xml 中对该 ContentProvider 进行配置，为了能让其他应用找到该 ContentProvider，ContentProvider 采用了 authorities（主机名）对它进行唯一标识。

```
<!-- 注册一个 ContentProvider -->
<provider android:name=".DictProvider"
      android:authorities="com.example.providers.dictprovider"
      android:exported="true">
</provider>
```

可以把 ContentProvider 看作一个网站，网站也相当于提供数据者，authorities 相当于域名。

7.4.2 Uri 类

URI 指通用资源标志符（Universal Resource Identifier）。Uri 代表要操作的数据，Android 中可用的各种资源——图像、视频片段等都可以用 Uri 表示。Uri 主要包含了两部分信息：需要操作哪个 ContentProvider，对 ContentProvider 中的什么数据进行操作。一个有效的 Uri 由 A、B、C 和 D 四部分组成，下面分别加以介绍。

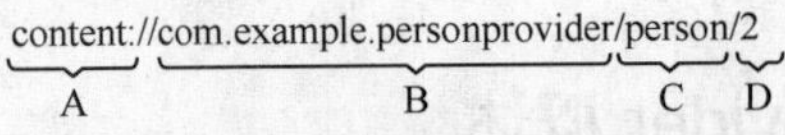

A：标准前缀，用来说明一个 ContentProvider 以控制这些数据，是无法改变的。

B：URI 的标识，用于唯一标识此 ContentProvider，外部调用者可以根据这个标识找到它。它定义了哪个 ContentProvider 提供这些数据。对于第三方应用程序，为了保证 URI 标识的唯一性，一般是定义该 ContentProvider 的“包.类”的名称。

C：路径，通俗地讲就是要操作的数据库中表的名称，也可以自己定义，在使用的时候保持一致即可。

D：如果 URI 中包含 ID，则表示需要根据 ID 获取相应的记录；如果没有 ID，则表示返回全部。

例如：

```
content://com.example.stuprovider/StuInfo
```

此语句用于表示需要操作 StuInfo 表中的所有记录。

```
content://com.example.stuprovider/StuInfo/2
```

此语句用于表示需要操作 StuInfo 表中的 ID 为 2 的记录。

```
content://com.example.stuprovider/StuInfo/2/name
```

此语句用于表示需要操作 StuInfo 表中 ID 为 2 的记录的 name 字段。

当然，要操作的数据不一定来自数据库，也可以来自文件、XML 或网络等。

Uri、UriMatcher 和 ContentUris 相关工具类及常用方法：因为 Uri 代表了要操作的数据，所以经常需要解析 Uri，并从 Uri 中获取数据。Android 系统提供了把一个字符串转换成 Uri 的 parse()方法，以及用于操作 Uri 的工具类 UriMatcher 和 ContentUris。

（1）把一个字符串转换成 Uri 的方法：如果要把一个字符串转换成 Uri，可以使用 Uri 类中的静态方法 parse()方法。例如：

```
Uri uri = Uri.parse("content:// com.example.stuprovider/StuInfo ")
```

（2）用 UriMatcher 类的 addURI()方法注册需要匹配的 Uri 路径，代码如下所示。

```
UriMatcher  sMatcher = new UriMatcher(UriMatcher.NO_MATCH);
//UriMatcher.NO_MATCH 表示不匹配任何路径的返回码
sMatcher.addURI("com.example.stuprovider", "StuInfo", 1);
sMatcher.addURI("com.example.stuprovider", "StuInfo/#", 2);
//其中，#表示任意，所以 StuInfo/后的数据格式均符合要求
```

（3）用 UriMatcher 类的 match(Uri)方法对 Uri 进行匹配。

注册完需要匹配的 Uri 后，就可以使用 sMatcher.match(uri)方法对输入的 Uri 进行匹配了，如果匹配就返回匹配码，匹配码是调用 addURI()方法传入的第三个参数。以上述代码为例，如果 match()方法匹配 content://com.example.stuprovider/StuInfo 路径，则返回匹配码为 1；如果 match()方法匹配 content://com.example.stuprovider/StuInfo/2 路径，则返回匹配码为 2。

（4）ContentUris 类的 withAppendedId(uri, id)方法可以为路径加上 ID，例如：

```
Uri uri = Uri.parse("content:// com.example.stuprovider/StuInfo");
Uri resultUri = ContentUris.withAppendedId(uri, 5);
```

那么生成后的 Uri 为 content:// com.example.stuprovider/StuInfo/5。

（5）ContentUris 类的 parseId(uri)方法可用于获取 ID 部分，例如：

```
Uri uri = Uri.parse("content:// com.example.stuprovider/StuInfo/16");
long personid = ContentUris.parseId(uri);
```

则获取 ID 的结果为 16。

7.4.3 ContentResolver 类

如何通过一套标准及统一的接口获取其他应用程序暴露的数据？Android 提供了 ContentResolver，外界的程序可以通过 ContentResolver 接口访问 ContentProvider 提供的数据。实际上，ContentResolver 是通过 URI 来访问 ContentProvider 中提供的数据的。除了 URI 以外，还必须知道需要获取的数据段的名称，以及此数据段的数据类型。如果需要获取一个特定的记录，则必须知道当前记录的 ID，即 URI 组成中的第四部分。

在实际应用中，可通过 Activity 的成员方法 getContentResovler()方法来获得一个 ContentResolver 的实例：

```
ContentResolver cr = this.getContentResolver();
```

使用 ContentResolver 实例的方法可以找到指定的 ContentProvider，并获取到相应的 ContentProvider 的数据。

Android 系统负责初始化所有的 ContentProvider，不需要用户创建。实际上，

ContentProvider 的用户不可能直接访问到 ContentProvider 实例，只能通过 ContentResolver 代理。前面也提到了 ContentProvider 是以类似数据库表的方式将数据暴露出去的，那么 ContentResolver 也采用类似数据库的操作从 ContentProvider 中获取数据。

通过 ContentResolver 访问应用程序数据的主要代码如下所示。

```
Uri uri = Uri.parse("content:// com.example.stuprovider/StuInfo/");
ContentResolver resolver =  getContentResolver();
//添加一条记录
ContentValues values = new ContentValues();
values.put("name", "xiaoming");
values.put("age", 21);
resolver.insert(uri, values);
//获取表中所有的记录
Cursor cursor = resolver.query(uri, null, null, null, null);
while(cursor.moveToNext()){
  Log.i("ContentTest", " StuName: "+ cursor. getString (0));
}
//更新
ContentValues updateValues = new ContentValues();
updateValues.put("name", "xiaowang");
Uri updateIdUri = ContentUris.withAppendedId(uri, 2);
resolver.update(updateIdUri, updateValues, null, null);
//删除
Uri deleteIdUri = ContentUris.withAppendedId(uri, 2);
resolver.delete(deleteIdUri, null, null);
```

新建工程 T7_4_ContentProvider，实现学生空间 App 中学生工具箱的音乐播放器功能。因为在本书任务 T4 中已经实现了工具箱基本界面的构建，所以本子任务将对工具箱的音乐播放器模块进行重构，实现音乐播放器的简单功能。

（1）当用户单击主界面的工具箱图标进入工具箱，并切换至音乐播放器界面时，程序自动获取当前系统中的音乐资源，并以列表的形式将所有资源展示在界面中。

（2）用户单击任意一首音乐时，开始播放这首音乐。

（3）当用户单击“暂停播放”按钮时，暂停当前音乐的播放。

（4）当用户单击“停止播放”按钮时，停止当前音乐的播放。

本子任务具体实现过程如下。

步骤 1　重构已有的 frag_music.xml 布局文件。

重构 frag_music.xml 布局文件，代码如下。

```
<?xml version="1.0" encoding="utf-8"?>
<LinearLayout xmlns:android="http://schemas.android.com/apk/res/android"
    xmlns:tools="http://schemas.android.com/tools"
    android:layout_width="match_parent"
    android:layout_height="match_parent"
    android:orientation="vertical">
<ListView
        android:id="@+id/listview"
        android:layout_width="match_parent"
        android:layout_height="match_parent"
```

```
        android:layout_weight="3" />
    <TextView
        android:id="@+id/tv_showName"
        android:layout_width="match_parent"
        android:layout_height="wrap_content"
        android:text="当前播放: "
        android:textSize="20sp" />
    <LinearLayout
        android:layout_width="match_parent"
        android:layout_height="wrap_content"
        android:layout_marginBottom="10dp"
        android:gravity="center"
        android:orientation="horizontal">
    <Button
        android:id="@+id/pause"
        android:layout_width="wrap_content"
        android:layout_height="wrap_content"
        android:layout_margin="10dp"
        android:text="暂停播放" />
    <Button
        android:id="@+id/stop"
        android:layout_width="wrap_content"
        android:layout_height="wrap_content"
        android:layout_margin="10dp"
        android:text="停止播放" />
    </LinearLayout>
    </LinearLayout>
```

步骤 2　通过 ContentResolver 实现系统音乐资源的获取。

重构 MusicFragment 类，利用 ContentProvider 访问本地数据并获取音乐列表，代码如下所示。

```
    musicList = new ArrayList<>();
    //利用 ContentProvider 访问本地数据并获取音乐列表
    musicResolver = getActivity().getContentResolver();
    musicCursor = musicResolver.query(MediaStore.Audio.Media.EXTERNAL_CONTENT_
URI, null, null, null, null);
    while (musicCursor.moveToNext()) {
        Music music = new Music();
        music.setName(musicCursor.getString(musicCursor.getColumnIndex
(MediaStore.Audio.AudioColumns.TITLE)));
        music.setAuthor(musicCursor.getString(musicCursor.getColumnIndex
(MediaStore.Audio.AudioColumns.ARTIST)));
        music.setDataPath(musicCursor.getString(musicCursor.getColumnIndex
(MediaStore.Audio.AudioColumns.DATA)));
        music.setDuration(musicCursor.getString(musicCursor.getColumnIndex
(MediaStore.Audio.AudioColumns.DURATION)));
        music.setSize(musicCursor.getString(musicCursor.getColumnIndex
(MediaStore.Audio.AudioColumns.SIZE)));
        musicList.add(music);
    }
```

步骤 3　展示音乐资源列表。

使用 ListView 对获取的音乐资源进行界面展示，代码如下所示。

```
    //使用 ListView 进行展示
    listView = (ListView) view.findViewById(R.id.listview);
```

```
listView.setAdapter(new MusicAdapter(getActivity(), musicList));
listView.setOnItemClickListener(this);
```

步骤 4　播放用户单击的音乐。

对 ListView 设置监听，当用户选择某一音乐时，播放该音乐，代码如下所示。

```
@Override
public void onItemClick(AdapterView<?> parent, View view, int position, long
id) {
    String item_str = musicList.get(position).getName().toString();
    if (mp != null) {
        mp.reset();
        try {
            mp.setDataSource(musicList.get(position).getDataPath());
            mp.prepare();
            tv_showName.setText("当前播放:" + item_str);
            mp.start();
        } catch (IOException e) {
            e.printStackTrace();
        }
    }
}
```

步骤 5　暂停音乐播放。

对“暂停播放”按钮设置监听，当用户单击“暂停播放”按钮时，暂停该音乐的播放，同时将按钮的文字切换为“继续播放”；而当用户单击“继续播放”按钮时，播放该音乐，代码如下所示。

```
//暂停播放
btn_pause.setOnClickListener(new View.OnClickListener() {
    @Override
    public void onClick(View view) {
        if (flag) {
            mp.pause();
            ((Button) view.findViewById(R.id.pause)).setText("继续播放");
            flag = false;
        } else {
            mp.start();
            ((Button) view.findViewById(R.id.pause)).setText("暂停播放");
            flag = true;
        }
    }
}
```

步骤 6　停止音乐播放。

对“停止播放”按钮设置监听，当用户单击“停止播放”按钮时，停止播放该音乐，代码如下所示。

```
//停止播放
btn_stop.setOnClickListener(new View.OnClickListener() {
    @Override
    public void onClick(View view) {
        mp.stop();
    }
}
```

本子任务介绍了 Android 系统的四大组件之一——ContentProvider，它为应用程序实现了数据的共享，并且统一了数据访问方式。本子任务首先介绍了 ContentProvider 数据共享的概念和应用场景，然后分别讲解了 ContentProvider 类、Uri 类和 ContentResolver 类的具体使用和编写方法，最后通过重构学生空间 App 中的音乐播放器模块，使读者进一步掌握了 ContentProvider 的使用方法。

思考题

（1）总结 ContentProvider 的应用场景。

（2）ContentProvider 是如何实现数据共享的？

（3）总结 ContentProvider 类、Uri 类和 ContentResolver 类的使用方法。

任务 T8

学生空间 App 的高级控件的应用

随着 Android 5.0 的发布，Material Design 会成为未来 App 设计的趋势，这种设计理念使 Android 界面在体验上更加新鲜和简洁，也能够更有效地激发应用开发者的创作热情，为其带来更加卓越的应用界面。Google 推出了一系列实现 Material Design 效果的控件库——Android Design Support Library，其中包括 Snackbar、Floating Action Button、CoordinatorLayout、RecycleView、CardView 等控件，在本任务中，将结合学生空间 App 实例，介绍 Snackbar、Floating Action Button 等控件的特点及使用方法。

任务 T8-1 Snackbar

- 了解 Snackbar 的应用场景；
- 掌握 Snackbar 的使用方法。

本子任务主要是在学生空间 App 的登录界面中，重构“退出”按钮的功能，单击“退出”按钮，显示提示信息，确认是否退出，单击“是的”按钮，即可退出当前界面，如图 8-1 所示。

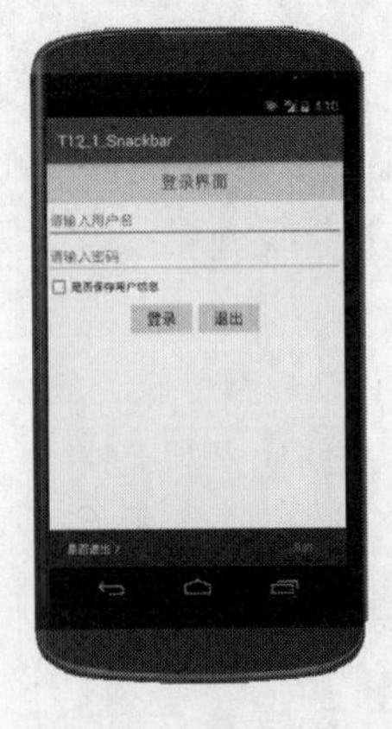

图 8-1 学生空间 App 的登录界面

8.1.1 Snackbar 的应用场景

Snackbar 是 Support Library 中的一个重要控件，用于在界面下方提示一些关键信息，是 Toast 的增强版。和 Toast 的不同之处是，Snackbar 允许用户向右滑动并消除，同时，也允许在 Snackbar 中设定一个 Action，当用户单击 Snackbar 按钮的时候，可以进行一些相关的操作。

Toast 和 Snackbar 的区别如下：前者是悬浮在所有布局之上的，包括键盘，而 Snackbar 是在 View 上直接 addView 的，因此使用 Snackbar.show()的时候，要注意先 Keyboard.hide()，否则键盘会遮住 Snackbar。

8.1.2 Snackbar 的使用方法

Snackbar 的语法规则：

```
Snackbar.make(view, message, duration)
        .setAction(action message, click listener)
        .show();
```

其常用方法介绍如下。

1．make()

该方法用来构造 Snackbar，此方法有三个参数，分别为父容器、提示信息、持续时间。

需要注意的是，make()方法的第一个参数的 view 不能是 ScrollView，因为 Snackbar 的实现逻辑是在此 View 中 addView，而 ScrollView 是只能有一个 Child 的，否则会报错。

2．setAction(CharSequence text, final View.OnClickListener listener)

该方法用于给 Snackbar 设定一个 Action，单击之后会回调 OnclickListener 中的 Onclick 方法，处理相应的逻辑。

3．show()

该方法用来展示 Snackbar。

4．setActionTextColor()

该方法用来设置 Action 的字体颜色。

8.1.3 Snackbar 的使用示例

完成以下任务：在界面中单击“删除”按钮，弹出提示“是否撤销删除？”，当用户单击“是的”按钮时，弹出消息提示“已取消删除！”，具体效果如图 8-2 所示。

图 8-2　Snackbar 示例效果图

具体实现步骤如下。

步骤 1　在布局文件中添加“删除”按钮，代码如下。

```
<LinearLayout xmlns:android="http://schemas.android.com/apk/res/android"
    xmlns:tools="http://schemas.android.com/tools"
    android:layout_width="match_parent"
    android:layout_height="match_parent"
    android:orientation="vertical"
    tools:context="cn.edu.niit.snackbar.MainActivity">
    <Button
        android:id="@+id/delete"
        android:layout_width="match_parent"
        android:layout_height="wrap_content"
        android:text="删除"
        android:textSize="35sp"/>
</LinearLayout>
```

步骤 2　添加 Snackbar 相关逻辑。

在 MainActivity 类中，获取 delete 按钮，为其设置监听，并按照需求，在 onClick 方法中添加 Snackbar 的相关逻辑。

```
Button btn = (Button)findViewById(R.id.delete);
btn.setOnClickListener(new View.OnClickListener() {
    @Override
    public void onClick(View view) {
        Snackbar.make(view, "是否撤销删除？", Snackbar.LENGTH_LONG)
                .setAction("是的", new View.OnClickListener() {
                    @Override
                    public void onClick(View v) {
                        Toast.makeText(MainActivity.this, "已取消删除！",
                                Toast.LENGTH_SHORT).show();
                    }
                }).show();
    }
});
```

导入工程 T7_4_ContentProvider，重命名为 T8_1_Snackbar，重构登录界面，本子任务具体实现过程如下。

步骤 1　布局文件的实现。

布局界面如图 8-3 所示。

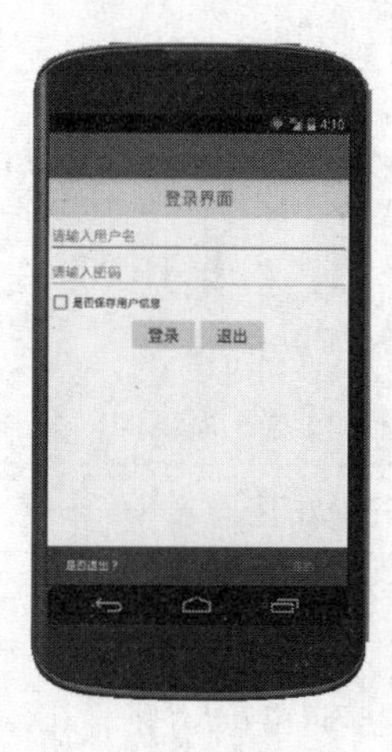

图 8-3　登录界面

具体代码如下。

```
<LinearLayout xmlns:android="http://schemas.android.com/apk/res/android"
    android:layout_width="match_parent"
    android:layout_height="match_parent"
    android:orientation="vertical">
    <TextView
        android:layout_width="match_parent"
        android:layout_height="50dp"
        android:background="#DBDBDB"
        android:gravity="center"
        android:text="登录界面"
        android:textSize="22sp" />
    <EditText
        android:id="@+id/ev_userName"
        android:layout_width="match_parent"
        android:layout_height="wrap_content"
        android:hint="请输入用户名" />
    <EditText
        android:id="@+id/ev_password"
        android:layout_width="match_parent"
        android:layout_height="wrap_content"
        android:hint="请输入密码" />
    <CheckBox
        android:id="@+id/cb_isSave"
        android:layout_width="wrap_content"
        android:layout_height="wrap_content"
        android:text="是否保存用户信息" />
    <LinearLayout
```

```
        android:layout_width="match_parent"
        android:layout_height="wrap_content"
        android:gravity="center"
        android:orientation="horizontal">
        <Button
            android:id="@+id/btn_login"
            android:layout_width="wrap_content"
            android:layout_height="wrap_content"
            android:layout_gravity="center"
            android:text="登录"
            android:textSize="20sp" />
        <Button
            android:id="@+id/btn_exit"
            android:layout_width="wrap_content"
            android:layout_height="wrap_content"
            android:layout_gravity="center"
            android:text="退出"
            android:textSize="20sp" />
    </LinearLayout>
</LinearLayout>
```

步骤 2 退出逻辑处理，代码修改如下。

```
btn_exit.setOnClickListener(new View.OnClickListener() {
        @Override
        public void onClick(View v) {
        Snackbar.make(v, "是否退出？", Snackbar.LENGTH_LONG). setAction("是
                    的", new View.OnClickListener() {
            @Override
            public void onClick(View v) {
                finish();
            }
        }).show();
    }
});
```

本子任务首先介绍了 Snackbar 的应用场景，然后介绍了使用 Snackbar 的方法。通过对学生空间 App 退出功能的重构进行了实战演练，进一步加强了对 Snackbar 应用的练习，使用 Snackbar 的方法是本子任务的重点，需要重点掌握。

思考题

（1）总结使用 Snackbar 的方法。

（2）简述 Snackbar 与 Toast 的区别。

任务 T8-2　FloatingActionButton

■ 了解 Floating Action Button 的应用场景；
■ 掌握 Floating Action Button 的使用方法。

本子任务主要是重构学生空间 App 的课程管理界面，在界面的右下角添加一个 Floating Action Button，当用户单击该按钮时返回，如图 8-4 所示。

图 8-4　学生空间 App 的课程管理界面

8.2.1 FloatingActionButton 的使用方法

Floating Action Button 是一种浮动操作按钮，在用户界面中通常显示为一个漂浮的小圆圈。它有独特的动态效果，如变形、弹出、位移等，代表着当前页面上用户的特定操作。与普通按钮相比，Floating Action Button 可以为 Android 应用程序带来更加丰富炫丽的界面效果及用户体验。

Floating Action Button 继承自 ImageView，因此它拥有 ImageView 的所有属性。Floating Action Button 各属性的含义简单描述如下。

（1）app:backgroundTint：设置 Floating Action Button 的背景颜色。

（2）app:rippleColor：设置 Floating Action Button 被单击时的背景颜色。

（3）app:borderWidth：该属性尤为重要，如果不设置 0dp，那么在 4.1 的 SDK 上 Floating Action Button 会显示为正方形，而且在 5.0 以后的版本中 SDK 没有阴影效果，所以需要将其设置为“0dp”。

（4）app:elevation：表示默认状态下 Floating Action Button 的阴影大小。

（5）app:pressedTranslationZ：表示单击时 Floating Action Button 的阴影大小。

（6）app:fabSize：设置 Floating Action Button 的大小，该属性有两个值，分别为 normal 和 mini，对应的 FAB 大小分别为 56dp 和 40dp。

（7）src：设置 Floating Action Button 的图标，Google 建议符合 Design 设计的图标大小为 24dp。

（8）app:layout_anchor：设置 Floating Action Button 的锚点，即以哪个控件为参照点设置位置。

（9）app:layout_anchorGravity：设置 Floating Action Button 相对锚点的位置，值有 bottom、center、right、left、top 等。

Floating Action Button 正常显示的情况下有填充的颜色，并且带有阴影，单击的时候会有 rippleColor，并且阴影的范围可以增大，填充色及 rippleColor 可以通过如下方法进行自定义。

① 默认的颜色取值是 theme 中的 colorAccent，所以用户可以在 style 中定义 colorAccent。colorAccent 对应 EditText 编辑时、RadioButton 选中、CheckBox 选中时的颜色。

② rippleColor 默认取值是 theme 中的 colorControlHighlight。

当然，除了以上两种方法之外，也可以直接用属性定义此颜色，代码如下所示。

```
app:backgroundTint="#ff87ffeb"
app:rippleColor="#33728dff"
```

在 5.x 的设备上运行时，可能发生的问题及解决方法如下：

- 如果没有出现阴影，则应设置 app:borderWidth="0dp";
- 如果按上述设置后，阴影出现了，但是有矩形的边界，则需要设置一个合适的 margin 的值。

8.2.2 FloatingActionButton 的使用示例

完成以下任务：在界面右下角添加新增信息的 Floating Action Button，当用户单击该按钮时，弹出 Snackbar，提示“是否新增一条短信？”，具体效果如图 8-5 所示。

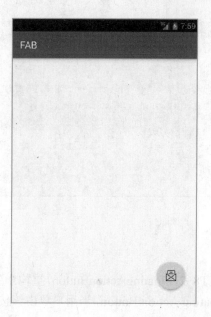

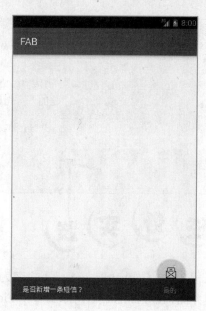

图 8-5　Floating Action Button 效果图

具体实现步骤如下。

步骤 1　在布局文件中添加 Floating Action Button，代码如下。

```
<RelativeLayout xmlns:android="http://schemas.android.com/apk/res/android"
    xmlns:tools="http://schemas.android.com/tools"
    android:layout_width="match_parent"
    android:layout_height="match_parent"
    android:paddingBottom="@dimen/activity_vertical_margin"
    android:paddingLeft="@dimen/activity_horizontal_margin"
    android:paddingRight="@dimen/activity_horizontal_margin"
    android:paddingTop="@dimen/activity_vertical_margin"
    tools:context="cn.edu.niit.fab.MainActivity">
    <android.support.design.widget.FloatingActionButton
        xmlns:app="http://schemas.android.com/apk/res-auto"
        android:id="@+id/fab"
        android:layout_width="wrap_content"
        android:layout_height="wrap_content"
        android:layout_alignParentRight="true"
        android:layout_alignParentBottom="true"
        android:layout_margin="0dp"
        android:src="@drawable/msg"
        app:backgroundTint="#FFFFF700"
        app:rippleColor="#FF0000FF"
        app:borderWidth="0dp"
        app:fabSize="normal"
        app:elevation="5dp"
        app:pressedTranslationZ="5dp"/>
</RelativeLayout>
```

步骤 2　为 Floating Action Button 设置监听。

在 MainActivity 类中，获取 Floating Action Button，并为其设置监听，当用户单击该按钮时，弹出 Snackbar 提示。

```
FloatingActionButton Fab = (FloatingActionButton)findViewById(R.id.fab);
Fab.setOnClickListener(new View.OnClickListener() {
    @Override
    public void onClick(View view) {
        Snackbar.make(view, "是否新增一条短信？", Snackbar.LENGTH_LONG)
                .setAction("是的", new View.OnClickListener() {
                    @Override
                    public void onClick(View v) {
                    }
                }).show();
    }
});
```

导入工程 T7_4_ContentProvider，重命名为 T8_2_FloatingActionButton，重构学生空间 App 的课程管理界面，在界面的右下角添加一个 Floating Action Button，当用户单击该按钮时返回，本子任务具体实现过程如下。

步骤 1　重构课程管理界面布局文件。

打开布局文件 course_manage.xml，并在相应的位置添加 Floating Action Button，代码如下。

```
<?xml version="1.0" encoding="utf-8"?>
<LinearLayout xmlns:android="http://schemas.android.com/apk/res/android"
    xmlns:app="http://schemas.android.com/apk/res-auto"
    xmlns:tools="http://schemas.android.com/tools"
    android:layout_width="match_parent"
    android:layout_height="match_parent"
    android:orientation="vertical">

    <TextView
        android:layout_width="match_parent"
        android:layout_height="0dp"
        android:layout_weight="1"
        android:background="@android:color/holo_blue_bright"
        android:gravity="center"
        android:text="课程" />

    <LinearLayout
        android:layout_width="match_parent"
        android:layout_height="0dp"
        android:layout_weight="1"
        android:orientation="horizontal">

        <EditText
            android:id="@+id/ed_course"
            android:layout_width="0dp"
            android:layout_height="match_parent"
            android:layout_weight="8" />

        <Button
            android:id="@+id/btn_add"
            android:layout_width="0dp"
            android:layout_height="match_parent"
```

```
        android:layout_weight="2"
        android:text="添加" />
</LinearLayout>

<RelativeLayout
    android:layout_width="match_parent"
    android:layout_height="0dp"
    android:layout_weight="8">

    <ListView
        android:id="@+id/lv_course"
        android:layout_width="match_parent"
        android:layout_height="match_parent"></ListView>

    <android.support.design.widget.FloatingActionButton
        android:id="@+id/fab"
        android:layout_width="wrap_content"
        android:layout_height="wrap_content"
        android:layout_alignParentBottom="true"
        android:layout_alignParentRight="true"
        android:layout_margin="0dp"
        android:elevation="5dp"
        android:src="@drawable/back"
        app:borderWidth="0dp"
        app:fabSize="normal"
        app:pressedTranslationZ="5dp" />
</RelativeLayout>

</LinearLayout>
```

步骤 2 为 Floating Action Button 设置监听。

在 CourseManageActivity 类中，获取 Floating Action Button，并为其设置监听，当用户单击该按钮时，返回至前一界面，具体代码如下。

```
private FloatingActionButton fab;
fab = (FloatingActionButton) findViewById(R.id.fab);
fab.setOnClickListener(new View.OnClickListener() {
    @Override
    public void onClick(View v) {
        finish();
    }
});
```

本子任务首先介绍了 Floating Action Button 的应用场景及使用方法；然后通过一个简单的样本进一步强化了对 Floating Action Button 的理解；最后，结合学生空间 App，通过重构课程管理界面的实战演练，进一步加强了对 Floating Action Button 应用的练习。Floating Action Button 的使用方法是本子任务的重点，需要重点掌握。

思考题

（1）总结 Floating Action Button 的应用场景。

（2）简单描述 Floating Action Button 的常用属性及相应的使用方法。

附录 A

Android Studio 开发环境的应用技巧

1. Gradle 简介与配置

Gradle 是一种依赖管理工具，它基于 Groovy 语言，以面向 Java 应用为主，它抛弃了基于 XML 的各种繁琐配置，取而代之的是一种基于 Groovy 的内部领域特定语言。Gradle 的语法足够简洁和简单，而且可以使用大部分的 Java 包，所以它当之无愧地成为新一代的 Build System。Gradle 也是 Android Studio 默认的 Build 工具。

使用 Android Studio 新建一个工程后，默认会生成两个 build.gralde 文件，一个位于工程根目录下，一个位于 app 目录下，还包括 settings.gradle 文件，如图 A-1 所示。

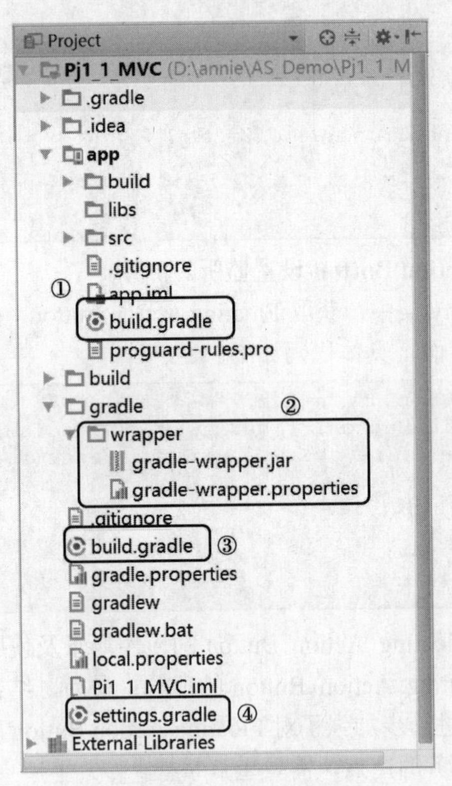

图 A-1　完整工程下的 Gradle 相关文件

（1）app 文件夹下的 build.gradle 配置文件算是整个项目中最主要的 Gradle 配置文件，它是针对 Module 的配置文件，这个文件的内容如图 A-2 所示。

（2）wrapper 文件夹中包括两个文件，主要介绍 gradle-wrapper.properties 文件的内容，如图 A-3 所示。

```
apply plugin: 'com.android.application'   声明构建的项目类型，这里是Android项目

android {
    compileSdkVersion 23
    buildToolsVersion "24.0.0"    设置编译Android项目的参数

    defaultConfig {
        applicationId "com.edu.niit.pjl_1_mvc"   应用的报名
        minSdkVersion 15
        targetSdkVersion 23     SDK版本的默认配置
        versionCode 1
        versionName "1.0"
    }
    buildTypes {
        release {
            minifyEnabled false  是否混淆
            proguardFiles getDefaultProguardFile('proguard-android.txt'), 'proguard-rules.pro'
        }                                       混淆文件的位置
    }
}

dependencies {     编译libs目录下的所有Java包
    compile fileTree(dir: 'libs', include: ['*.jar'])
    testCompile 'junit:junit:4.12'
    compile 'com.android.support:appcompat-v7:23.4.0'
}
```

图 A-2　app 的 Gradle 文件内容

```
activity_main.xml × | MainActivity.java × | item.xml × | app × | gradle-wrapper.properties ×
1  #Mon Dec 28 10:00:20 PST 2015
2  distributionBase=GRADLE_USER_HOME
3  distributionPath=wrapper/dists
4  zipStoreBase=GRADLE_USER_HOME
5  zipStorePath=wrapper/dists
6  distributionUrl=https\://services.gradle.org/distributions/gradle-2.10-all.zip
7
```

图 A-3　gradle-wrapper 文件的内容

文件中声明了 Gradle 的目录、下载路径以及当前项目使用的 Gradle 版本，这些默认的路径一般是不会更改的，这个文件里指明的 Gradle 版本不正确也是很多包不成功的原因之一。

（3）项目根目录下的 build.gradle 文件是整个项目的基础配置文件，文件内容如图 A-4 所示。

（4）settings.gradle 文件是全局的项目配置文件，其中主要声明了一些需要加入 Gradle 的 module，该文件的内容如图 A-5 所示。include 中是该项目中所包含的所有 module，其他 module 也需要按照以上格式加进去。

2．开发环境的个性化设置

1）设置主题风格

默认的 Android Studio 为灰色界面，可以选择使用黑色界面。设置方法如下：在 Android Studio 主界面中选择“**File→Settings→Appearance→Theme**”选项，在下拉列表中选择 **Darcula** 主题即可，如图 A-6 所示。

```
// Top-level build file where you can add configuration options common to all sub-projects/modules.

buildscript {
    repositories {
        jcenter()   声明仓库的源
    }
                         声明android gradle plugin的版本
    dependencies {
        classpath 'com.android.tools.build:gradle:2.1.2'

        // NOTE: Do not place your application dependencies here; they belong
        // in the individual module build.gradle files
    }
}

allprojects {
    repositories {
        jcenter()
    }
}

task clean(type: Delete) {
    delete rootProject.buildDir
}
```

图 A-4　build.gradle 的 Gradle 文件内容

```
1   include ':app'
2
```

图 A-5　settings.gradle 的 Gradle 文件内容

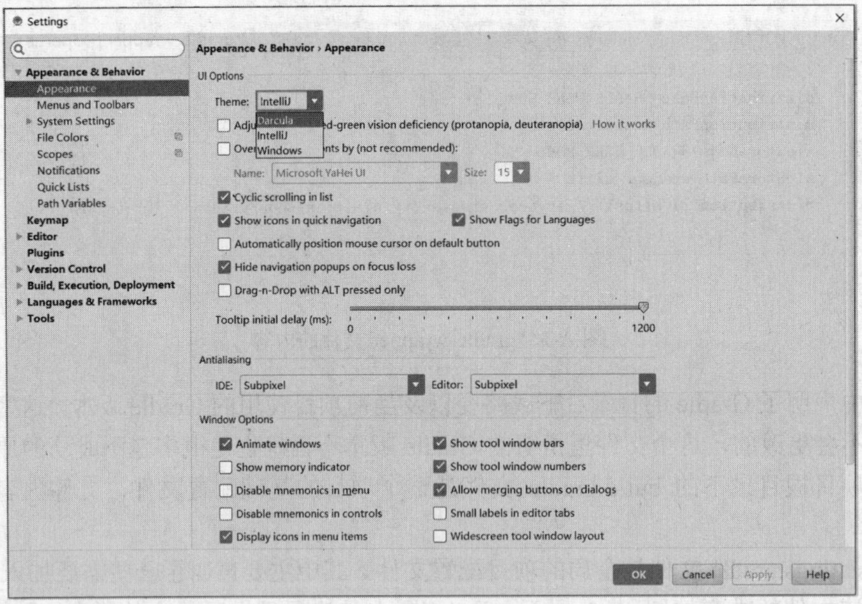

Settings

Appearance & Behavior
Appearance
Menus and Toolbars
System Settings
File Colors
Scopes
Notifications
Quick Lists
Path Variables
Keymap
Editor
Plugins
Version Control
Build, Execution, Deployment
Languages & Frameworks
Tools

Appearance & Behavior › Appearance
UI Options
Theme: IntelliJ
Darcula
IntelliJ
Windows
Adju[...]ed-green vision deficiency (protanopia, deuteranopia) How it works
Over[...]nts by (not recommended):
Name: Microsoft YaHei UI Size: 15
Cyclic scrolling in list
Show icons in quick navigation
Show Flags for Languages
Automatically position mouse cursor on default button
Hide navigation popups on focus loss
Drag-n-Drop with ALT pressed only
Tooltip initial delay (ms): 0 1200
Antialiasing
IDE: Subpixel Editor: Subpixel
Window Options
Animate windows
Show tool window bars
Show memory indicator
Show tool window numbers
Disable mnemonics in menu
Allow merging buttons on dialogs
Disable mnemonics in controls
Small labels in editor tabs
Display icons in menu items
Widescreen tool window layout
OK Cancel Apply Help

图 A-6　设置主题界面

主题修改为 Darcula 后，效果如图 A-7 所示。

2）设置系统界面的字体

如果想要修改非编辑界面的字体类型或者大小，可以选择“**Settings→Appearance**”选项，选中“**Override default fonts by (not recommended)**”复选框，选择字体类型和大小即可，如图 A-8 所示。

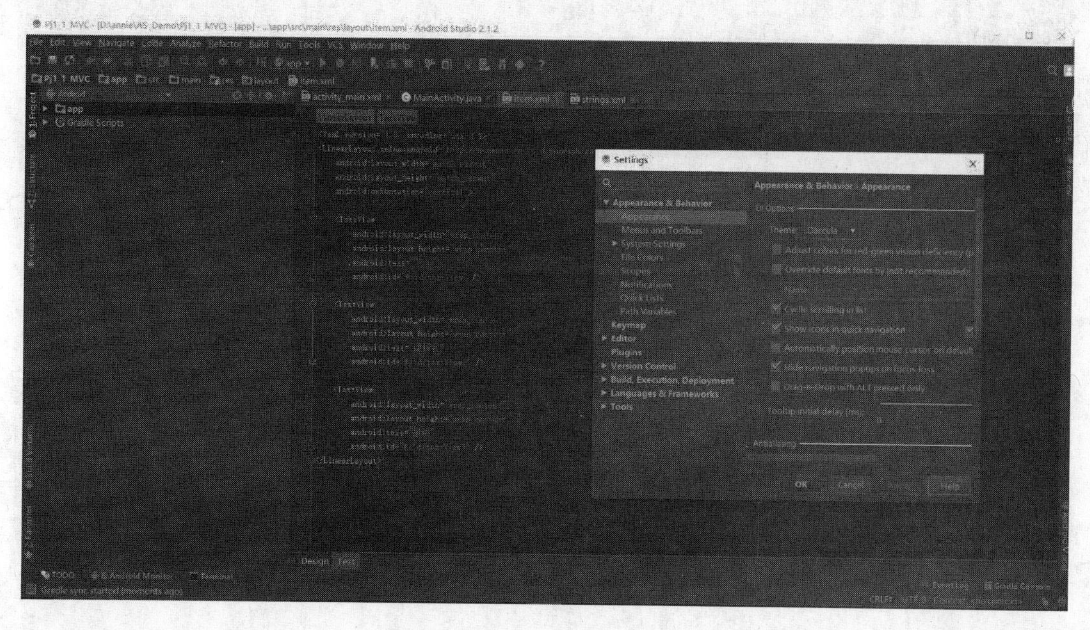

图 A-7　Darcula 主题界面的效果

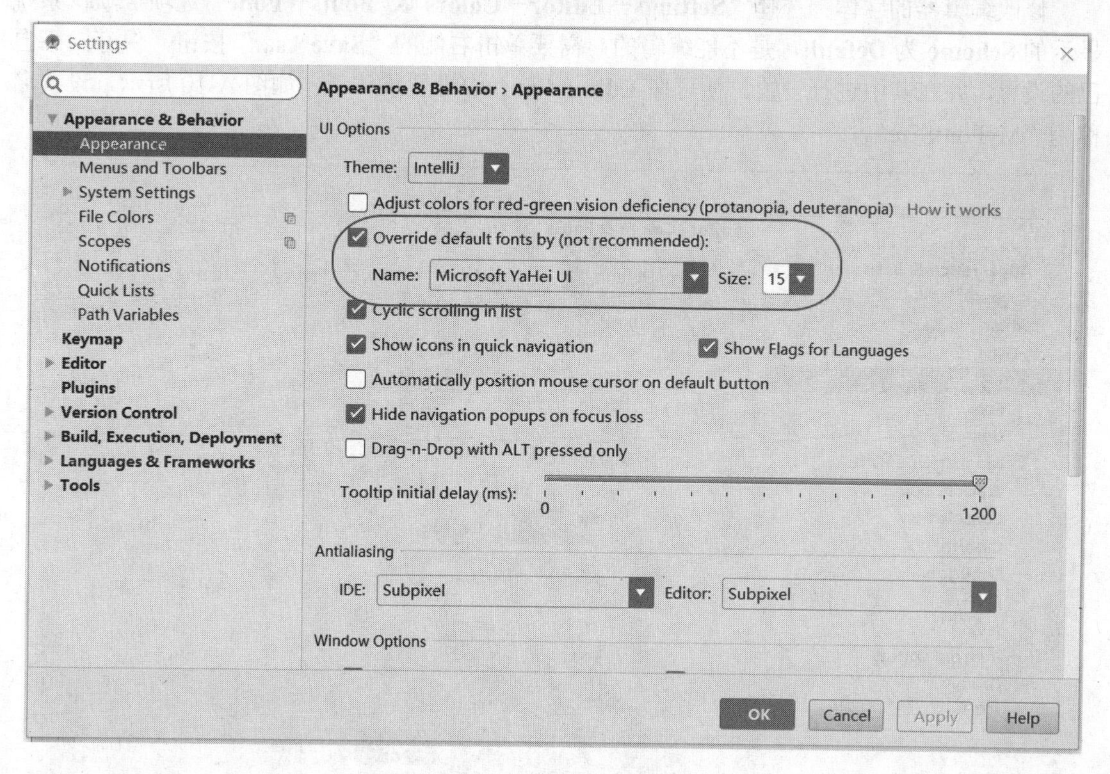

图 A-8　设置系统字体

将 Size 改为 24，单击“Apply”按钮后效果如图 A-9 所示。

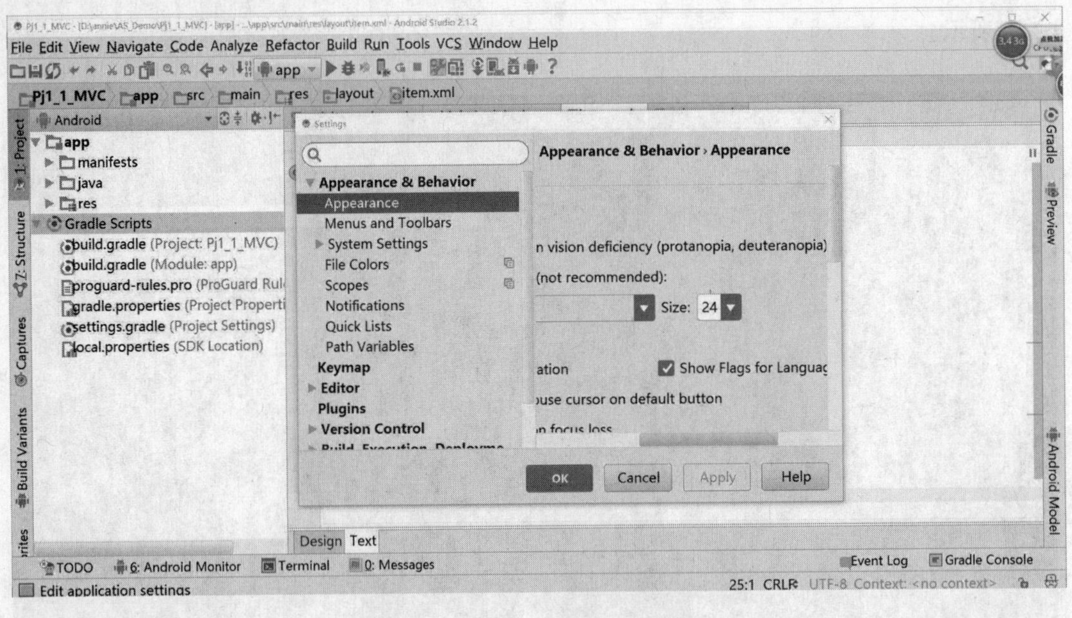

图 A-9　系统字体设置后的效果

3）设置代码的字体

修改编辑器的字体：选择“**Settings→Editor→Colors & Fonts→Font**”选项，默认系统显示的 **Scheme** 为 **Default**，是不能编辑的，需要单击右侧的“**Save As...**”按钮，保存一下自己的设置，并在其中进行设置，便可在 **Editor Font** 中设置字体了，如图 A-10 所示，设置名称为“MyFontSize”。

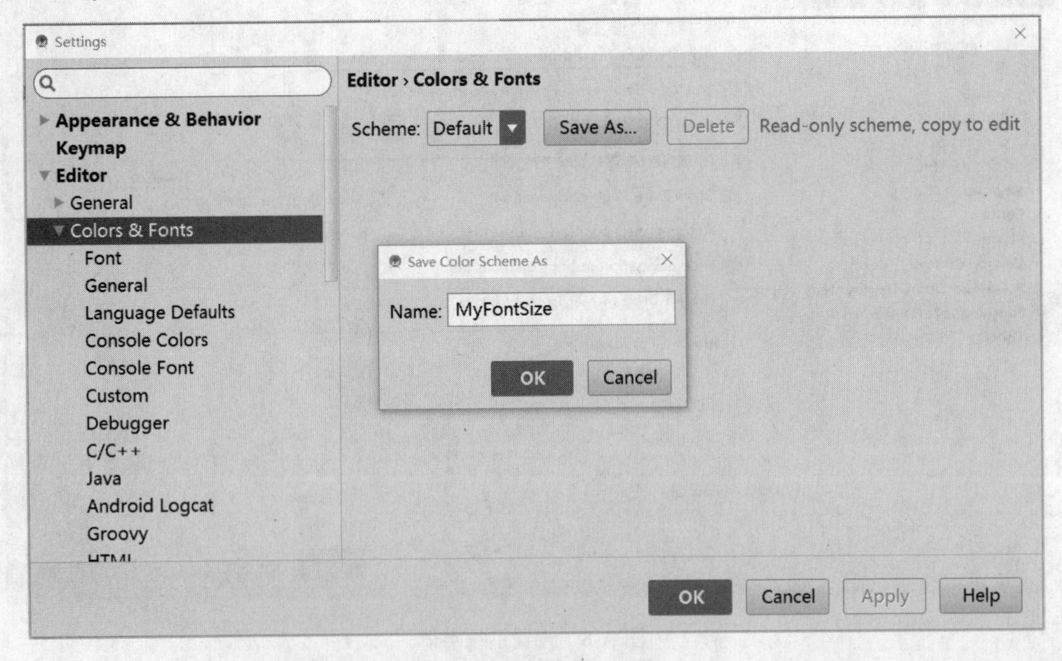

图 A-10　设置代码的字体

将 Size 由 16 设置为 20 后，编辑框中的文字变大了，如图 A-11 所示。

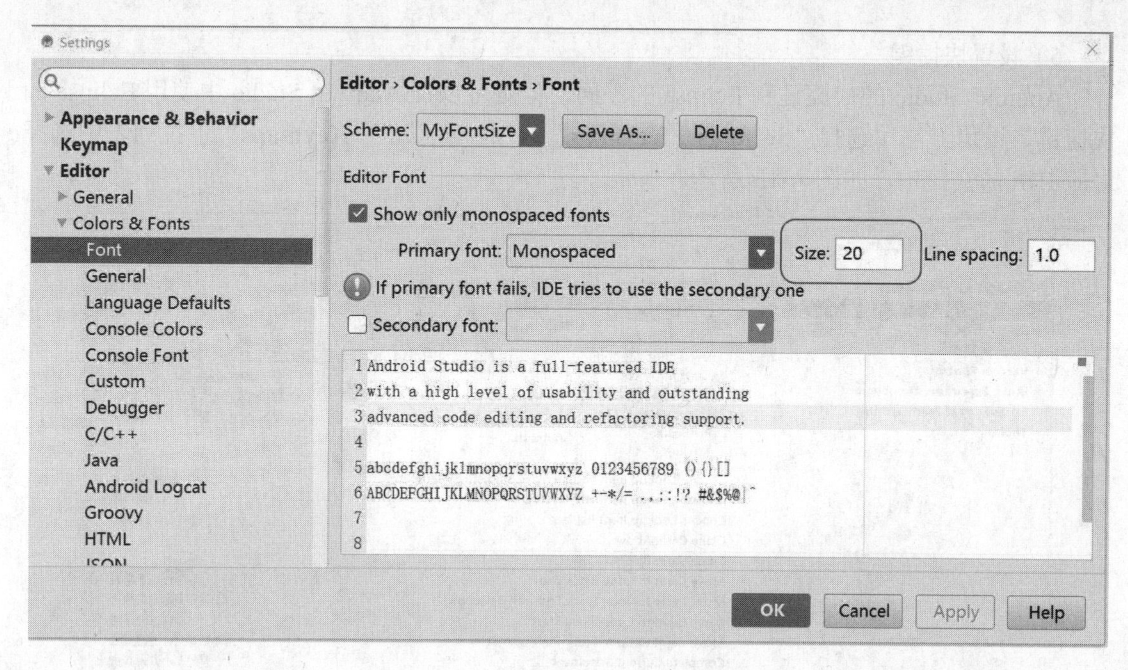

图 A-11　代码字体变大后的效果

4）设置编码格式

无论是个人开发，还是项目团队开发，都需要统一文件编码。默认的字符编码为 **GBK**，出于字符兼容性问题，建议使用 **UTF-8**。设置方法：选择“**Settings→File Encodings**”选项，建议将 **IDE Encoding**、**Project Encoding**、**Default encoding for properties files** 都设置为统一的编码，如图 A-12 所示。

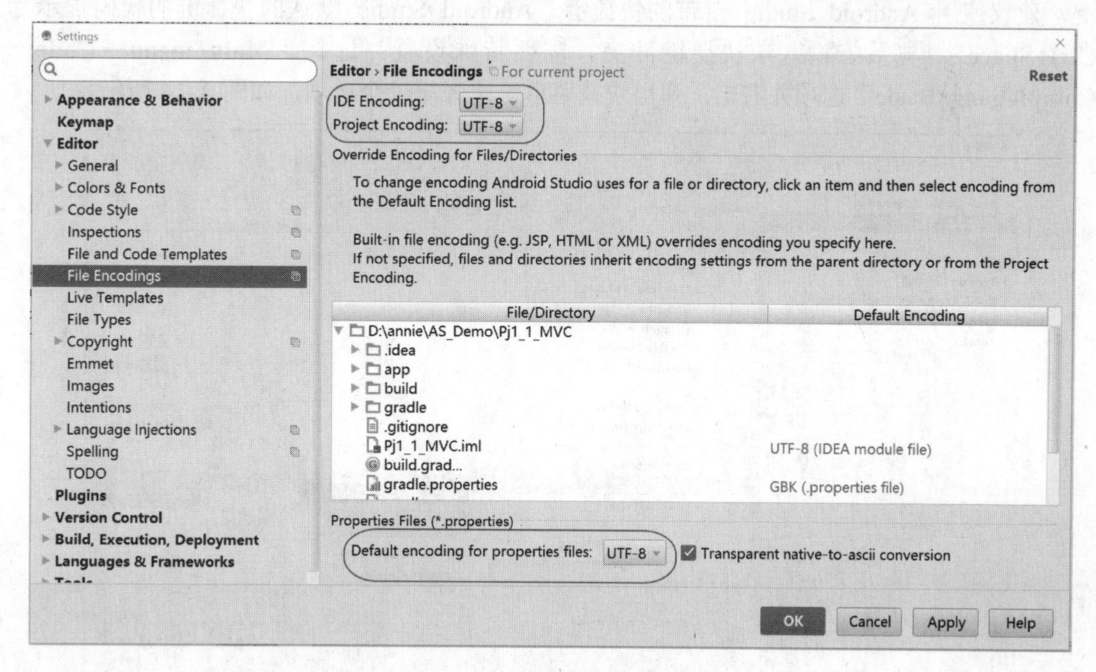

图 A-12　编码格式设置

5）设置快捷键

Android Studio 的快捷键和 Eclipse 的不同，但是可以在 Android Studio 中使用 Eclipse 的快捷键，设置方法：选择“**Settings→Keymap**”选项，可以从“**Keymaps**”下拉列表中选择对应 IDE 的快捷键，如图 A-13 所示。

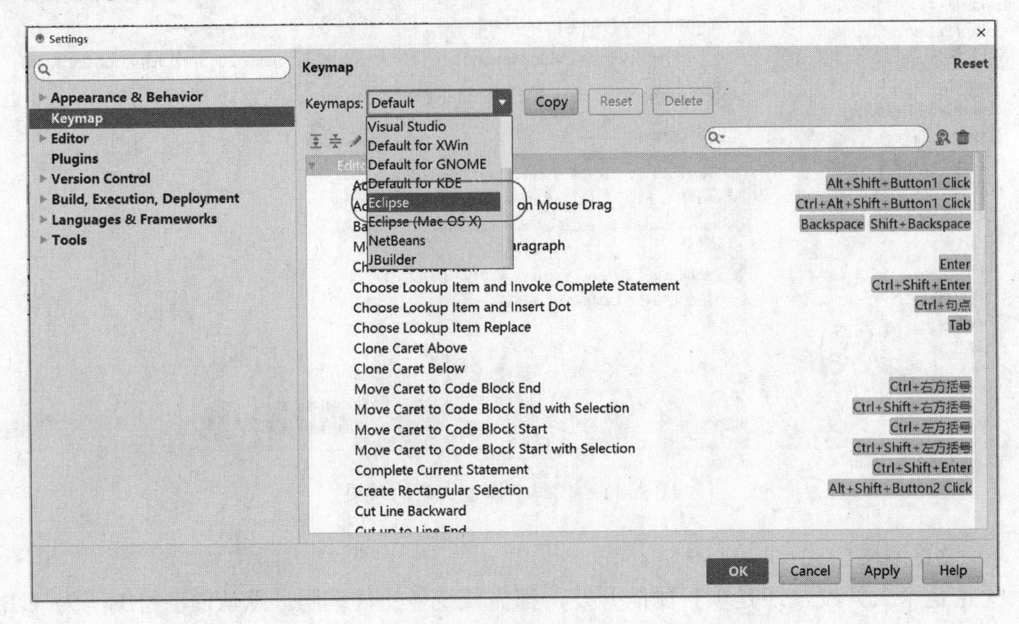

图 A-13　快捷键设置

Android Studio 对其他 IDE 的快捷键支持还是比较多的，但建议不使用其他 IDE 的快捷键，建议使用 Android Studio 自带的快捷键。Android Studio 默认的快捷键的代码提示为 **Ctrl+Space**，与系统输入法快捷键冲突，需要特殊设置：选择“**Main menu→Code→Completion→Basic**”选项并右击，弹出快捷菜单，选择第一个选项，如图 A-14 所示。

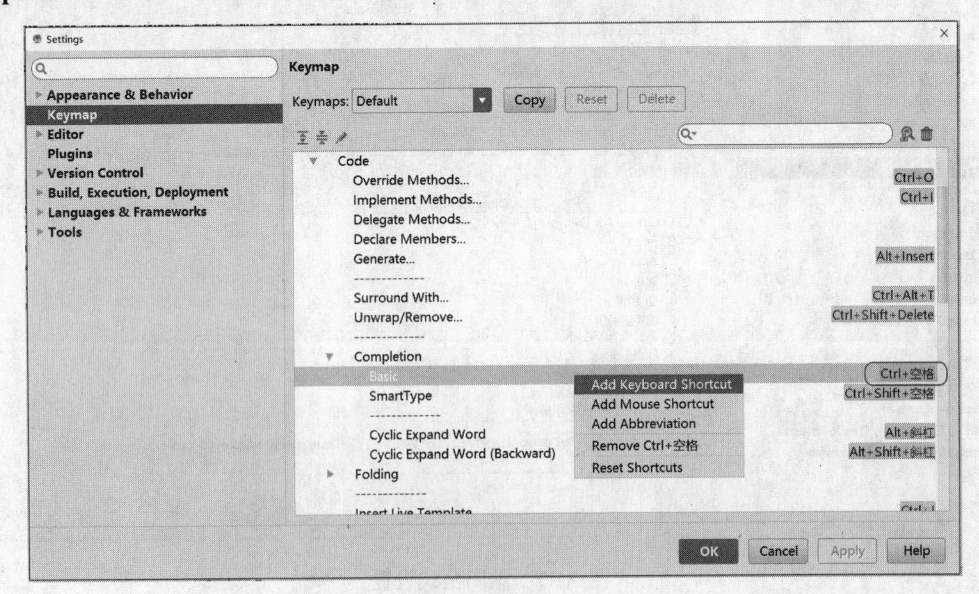

图 A-14　代码提示快捷键的设置

将“Ctrl+空格”修改为“Alt+斜杠”（按键需同时按下），如图 A-15 和图 A-16 所示。

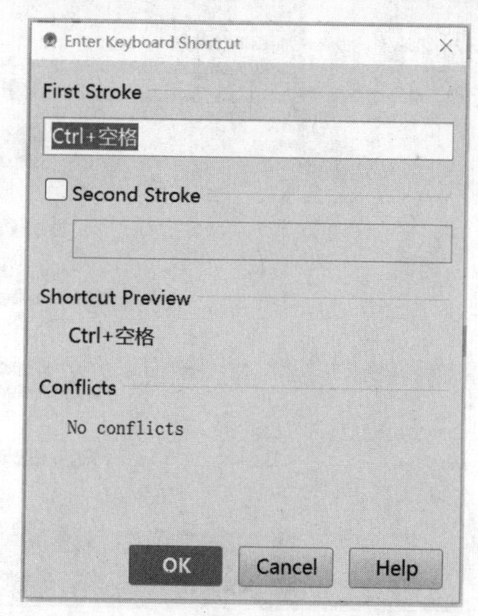

图 A-15　修改前

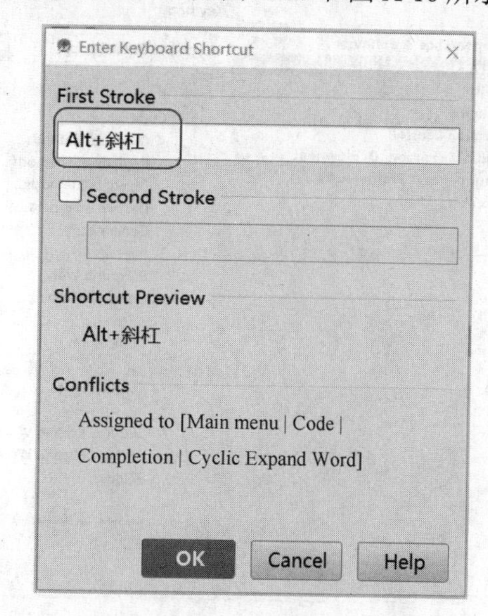

图 A-16　修改后

继续右击，弹出快捷菜单，删除“Ctrl+空格”，如图 A-17 所示。

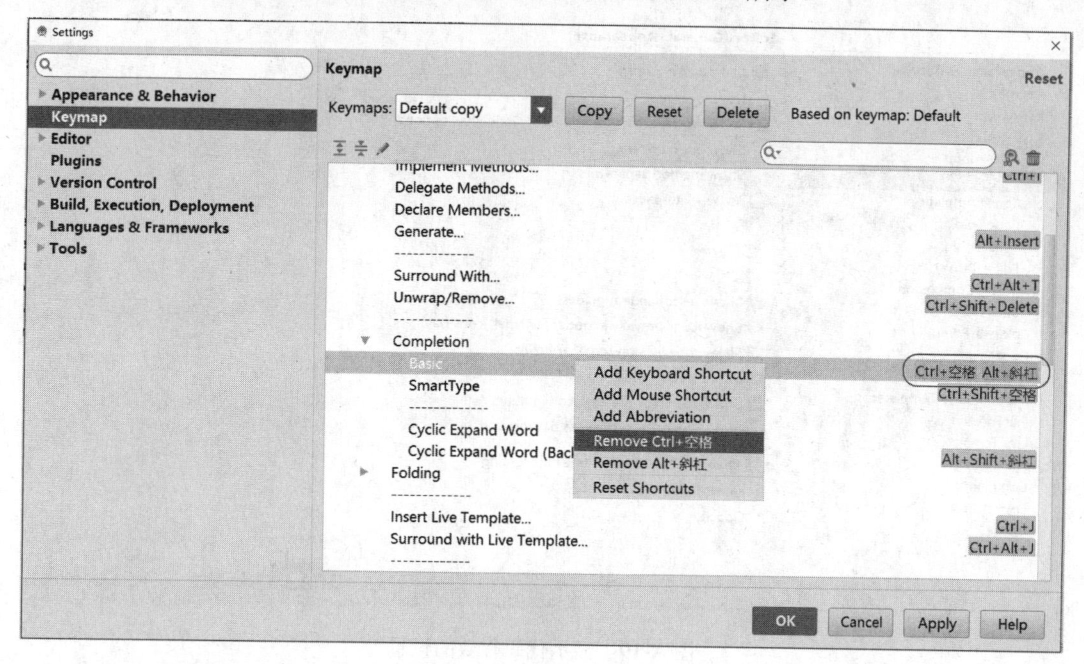

图 A-17　删除原始快捷键组合

修改完成后如图 A-18 所示。

6）设置显示代码行数

在编辑区域左侧显示代码行数：选择“**Settings→Editor→General→Appearance**”选项，选中“**Show line numbers**”复选框，如图 A-19 所示。

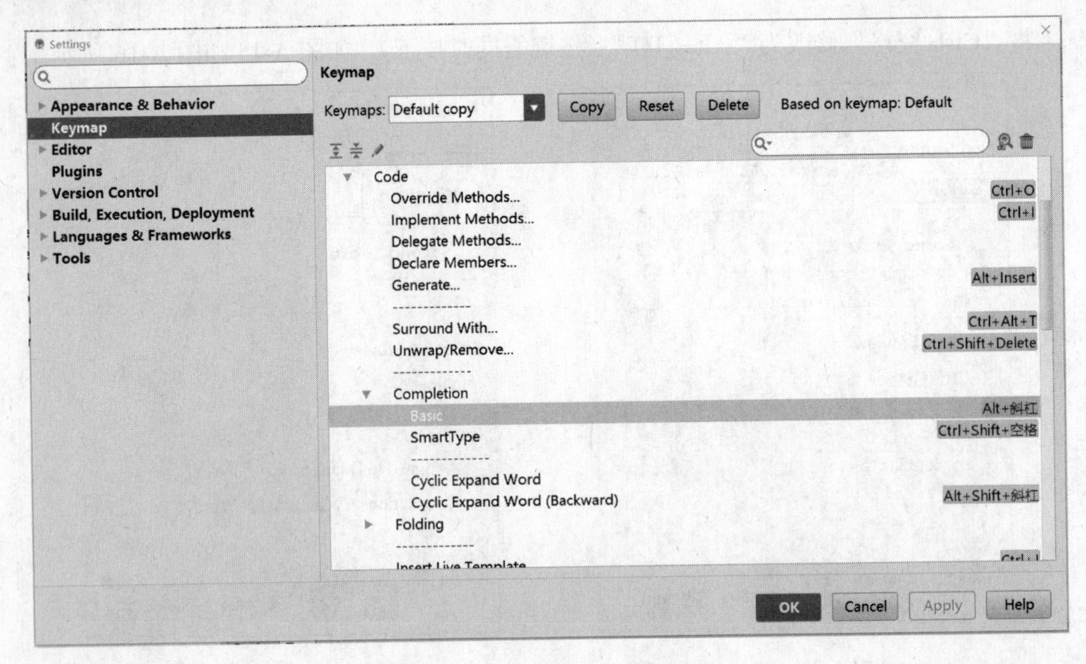

图 A-18　保留新建的快捷键组合

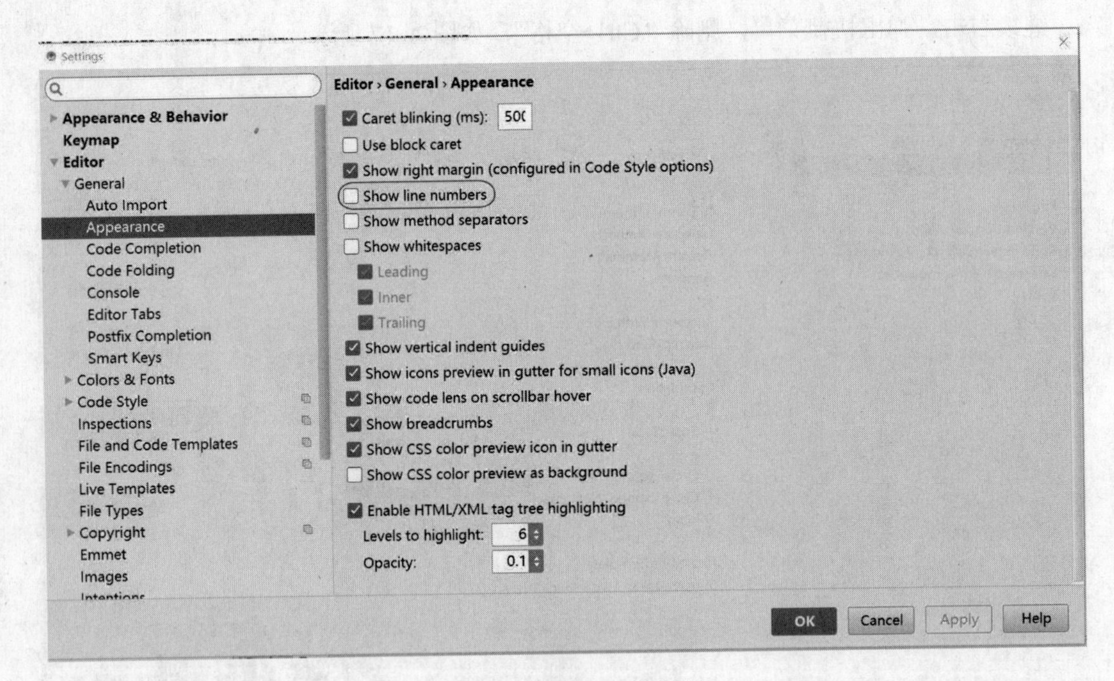

图 A-19　显示代码行数的设置

修改后的效果如图 A-20 所示。

activity_main.xml × | MainActivity.java × | item.xml × | strings.xml ×

LinearLayout | TextView

```
1   <?xml version="1.0" encoding="utf-8"?>
2   <LinearLayout xmlns:android="http://schemas.android.com/apk/res/android"
3       android:layout_width="match_parent"
4       android:layout_height="match_parent"
5       android:orientation="vertical">
6
7       <TextView
8           android:layout_width="wrap_content"
9           android:layout_height="wrap_content"
10          android:text=""
11          android:id="@+id/textView" />
12
13      <TextView
14          android:layout_width="wrap_content"
15          android:layout_height="wrap_content"
16          android:text="@string/name"
17          android:id="@+id/textView2" />
18
19      <TextView
20          android:layout_width="wrap_content"
21          android:layout_height="wrap_content"
22          android:text="描述"
23          android:id="@+id/textView3" />
```

图 A-20　显示代码行数的效果

附录 B

Android 编码规范

1．约定

（1）Activity.onCreate()，Fragment.onActivityCreated()，紧跟成员变量后，方法内部应简单，尽量只调用 init×××()方法，如 initData()，initView()。

（2）调用方法保持“临近原则”，被调用的方法放在调用方法的下方。

（3）单个方法体不要过长。

（4）代码中不要拼错单词。

（5）统一调整 IDE 的 Tab 缩进为 4 个空格。

2．命名

1）布局文件中的 ID 命名

规则：使用驼峰命名，即前缀+逻辑名称，类变量名和布局文件 ID 名称保持一致，不需要下画线分割，如表 B-1 所示。

表 B-1　控件 ID 的命名规则

控　　件	缩 写 前 缀
TextView/EditText	text
ImageView	img
Button/RadioButton/ImageButton	btn
RelativeLayout/LinearLayout/FrameLayout	layout
ListView	listView
WebView	webView
CheckBox	checkBox
ProgressBar	progressBar
seekBar	seekBar
其他控件	控件名首字母缩写作为前缀

例如：TextView @+id/textTitle、EditView @+id/textName、Button @+id/btnSearch。

2）布局文件命名

规则：使用前缀_逻辑名称命名，单词全部小写，单词间以下画线分割，如表 B-2 所示。

表 B-2　布局文件的命名规则

布 局 类 型	布 局 前 缀
Activity	activity_
Fragment	fragment_

续表

布局类型	布局前缀
Include	include_
Dialog	dialog_
PopupWindow	popup_
Menu	menu_
Adapter	layout_item_

3）资源文件命名

规则：使用前缀_逻辑名称命名，单词全部小写，单词间以下画线分割。

图片资源文件命名规则如表 B-3 所示。

表 B-3　图片资源文件的命名规则

前　缀	说　明
bg_xxx	各类背景图片
btn_xxx	这种按钮没有其他状态
ic_xxx	图标，一般用于单个图标
bg_描述_状态 1[_状态 2]	用于控件上的不同状态
btn_描述_状态 1[_状态 2]	用于按钮上的不同状态
chx_描述_状态 1[_状态 2]	选择框，一般有 2 种状态和 4 种状态

第三方资源文件的命名规则如表 B-4 所示。

表 B-4　第三方资源前缀的命名规则

命名规则	必须携带第三方资源前缀
举例	umeng_socialize_style.xml pull_refresh_attrs.xml

4）类和接口命名

规则：使用驼峰规则，首字母必须大写，使用名词或名词词组，要求简单易懂，富于描述，不允许出现无意义或错误单词，如表 B-5 所示。

表 B-5　类和接口的命名规则

类	描　述	举　例
Application 类	Application 为后缀标识	×××Application
Activity 类	Activity 为后缀标识	闪屏页面类 SplashActivity
解析类	Handler 为后缀标识	
公共方法类	Utils 或 Manager 为后缀标识	
线程池管理类	ThreadPoolManager	
日志工具类	LogUtils	
数据库类	以 DBHelper 为后缀标识	MySQLiteDBHelper

续表

类	描　述	举　例
Service 类	以 Service 为后缀标识	播放服务：PlayService
BroadcastReceiver 类	以 Broadcast 为后缀标识	时间通知：TimeBroadcast
ContentProvider 类	以 Provider 为后缀标识	单词内容提供者：DictProvider
直接写的共享基础类	以 Base 为前缀	BaseActivity、BaseFragment

5）方法的命名

规则：使用驼峰规则，首字母必须小写，使用动词，要求简单易懂，富于描述，不允许出现无意义或错误单词，如表 B-6 所示。

表 B-6　方法的命名规则

方　法	说　明
init×××()	初始化相关方法，使用 init 为前缀标识，如初始化布局 initView()
http×××()	HTTP 业务请求方法，以 http 为前缀标识
get×××()	返回某个值的方法，使用 get 为前缀标识
save×××()	与保存数据相关的，使用 save 为前缀标识
delete×××()	删除操作
reset×××()	对数据进行重组，使用 reset 为前缀标识
clear×××()	清除数据相关的
is×××()	方法返回值为 boolean 的应使用 is 或 check 为前缀标识
process×××()	对数据进行处理的方法，尽量使用 process 为前缀标识
display×××()	弹出提示框和提示信息，使用 display 为前缀标识
draw×××()	绘制数据或效果相关的，使用 draw 为前缀标识

6）变量命名

规则：使用驼峰规则，首字母必须小写，使用名词或名词词组，要求简单易懂，富于描述，不允许出现无意义或错误单词。

成员变量命名：自定义变量前添加 m 前缀，布局控件变量不用添加 m 前缀。

常量命名：全部大写，单词间用下画线隔开。

3．其他规范

（1）Activity 继承 BaseFragmentActivity 或 SwipeBackActivity，可以使用 ButterKnife 注解代替 findViewById。

（2）方法。

① 拆分臃肿方法，每个方法只做一件事。

② 做同一个逻辑的方法，尽量放到一块，方便查看。

③ 不要使用 try catch 处理业务逻辑。

④ 使用 JSON 工具类，不要手动解析和拼装数据。

（3）控制语句。

① 减少条件嵌套，不要超过 3 层。

② if 判断使用“卫语句”，减少了层级。

```
if(obj != null) { doSomething(); }
```

修改如下：

```
if(obj == null) { return; } doSomething();
```

③ if 语句必须用{}包含起来，即便只有一句。

（4）处理“魔数”等看不懂的神秘数字。

① 代码中不要出现数字，特别是一些标识不同类型的数字。

② 所有意义数字全部抽取到 Constant 公共类中，避免散布在各类中。

（5）空行：空行将逻辑相关代码段隔开，简洁清楚，提高了可读性。

① 成员变量之间，根据业务形成分组必须加空行。

② 方法之间加空行。

（6）用好 TODO 标记。

① 记录想法，记录功能点，开发过程中可以利用 TODO 记录临时想法或为了不中断思路留下待完善的说明。

② 删除无用 TODO，开发工具自动生成的 TODO 或已经完善的 TODO，一定要删除。

参考文献

[1] 刘超. 深入解析 Android 5.0 系统[M]. 北京：人民邮电出版社，2015.

[2] [美] Bill Phillips，Chris Stewart，Brian Hardy，等. Android 编程权威指南[M]. 王明发译.北京：人民邮电出版社，2014.

[3] 任玉刚. Android 开发艺术探索[M]. 北京：电子工业出版社，2015.

[4] 赖红，王寅峰. 基于工作任务的 Android 应用教程[M]. 北京：电子工业出版社，2016.

[5] 陈佳，李树强. Android 移动开发慕课版[M]. 北京：人民邮电出版社，2016.

[6] 王家林，王家俊. Android 项目实战：手机安全卫士开发案例解析[M]. 北京：电子工业出版社，2013.

[7] 李刚. 疯狂 Android 讲义[M]. 3 版. 北京：电子工业出版社，2015.

[8] 李新辉，邹邵芳. Android 移动应用开发项目教程[M]. 北京：人民邮电出版社，2014.

[9] 郭霖. 第一行代码 Android [M]. 北京：人民邮电出版社，2014.

[10] [美]Paul Deitel，Harvey Deitel，Abbey Deitel. Android 从入门到精通[M]. 胡彦平，张君施，闫锋欣译. 北京：电子工业出版社，2015.

[11] 明日科技. Android 从入门到精通[M]. 北京：清华大学出版社，2012.